高等学校"十三五"应用型本科规划教材

大学物理实验

（第二版）

主　编　王瑞平　张爱君
　　　　常　琳　舒　秦

西安电子科技大学出版社

内 容 简 介

　　本书是按照教育部高等学校非物理类专业物理基础课程教学指导委员会于 2010 年制定的《理工类大学物理实验课程教学基本要求》编写而成的。全书包括力学、热学、电磁学、光学、近代物理实验共 22 种。书后附录给出了物理常数表、中华人民共和国法定计量单位（摘录）。

　　本书可作为高等院校工科专业和理科非物理类专业的本科或专科物理实验教材，也可作为实验技术人员、相关课程教师及其他科技工作者的参考书。

图书在版编目(CIP)数据

大学物理实验/王瑞平等主编. —2 版. —西安：西安电子科技大学出版社，2018.11
ISBN 978 - 7 - 5606 - 5031 - 9

Ⅰ. ① 大⋯　Ⅱ. ① 王⋯　Ⅲ. ① 物理学－实验－高等学校－教材
Ⅳ. ① O4 - 33

中国版本图书馆 CIP 数据核字(2018)第 255707 号

策划编辑　戚文艳
责任编辑　戚文艳
出版发行　西安电子科技大学出版社(西安市太白南路 2 号)
电　　话　(029)88242885　88201467　　邮　　编　710071
网　　址　www. xduph. com　　电子邮箱　xdupfxb001@163. com
经　　销　新华书店
印刷单位　陕西利达印务有限责任公司
版　　次　2018 年 11 月第 2 版　2018 年 11 月第 4 次印刷
开　　本　787 毫米×1092 毫米　1/16　印张 13
字　　数　304 千字
印　　数　8301～11 300 册
定　　价　29.00 元

ISBN 978 - 7 - 5606 - 5031 - 9/O

XDUP　5333002 - 4

出 版 说 明

本书为西安科技大学高新学院课程建设的最新成果之一。西安科技大学高新学院是经教育部批准，由西安科技大学主办的全日制普通本科独立学院。

学院秉承西安科技大学五十余年厚重的历史文化积淀，充分发挥其优质教育教学资源和学科优势，注重实践教学，突出"产学研"相结合的办学特色，务实进取，开拓创新，取得了丰硕的办学成果。

学院现设置有国际教育学院、信息与科技工程学院、新传媒与艺术设计学院、城市建设学院、经济与管理学院五个二级学院，以及公共基础部、体育部、思想政治教学与研究部三个教学部，开设有本、专科专业 44 个，涵盖工、管、文、艺等多个学科门类。

学院现占地 912 余亩，总建筑面积 22.6 万平方米，教学科研仪器设备总值 6000 余万元，现代化的实验室、图书馆、运动场、多媒体教室、学生公寓、学生活动中心等一应俱全。优质的教育教学资源、紧跟行业需求的学科优势、"产学研"相结合的办学特色，为学子提供创新、创业和成长、成才平台。

学院注重教学研究与教学改革，围绕"应用型创新人才"这一培养目标，充分利用合作各方在能源、建筑、机电、文化创意等方面的产业优势，突出以科技引领、产学研相结合的办学特色，加强实践教学，以科研产业带动就业，为学生提供了学习、就业和创业的广阔平台。学院注重国际交流合作和国际化人才培养模式，与美国、加拿大、英国、德国、澳大利亚以及东南亚各国进行深度合作，开展本科双学位、本硕连读、本升硕、专升硕等多个人才培养交流合作项目。

在学院全面、协调发展的同时，学院以人才培养为根本，高度重视以课程设计为基本内容的各项专业建设，以扎扎实实的专业建设，构建学院社会办学的核心竞争力。学院大力推进教学内容和教学方法的变革与创新，努力建设与时俱进、先进实用的课程教学体系，在师资队伍、教学条件、社会实践及教材建设等各个方面，不断增加投入、提高质量，为广大学子打造能够适应时代挑战、实现自我发展的人才培养模式。学院与西安电子科技大学出版社合作，发挥学院办学条件及优势，不断推出反映学院教学改革与创新成果的新教材，以逐步建设学校特色系列教材为又一举措，推动学院人才培养质量不断迈向新的台阶，同时为在全国建设独立本科教学示范体系，服务全国独立本科人才培养，做出有益探索。

西安科技大学高新学院
西安电子科技大学出版社
2018 年 1 月

高等学校"十三五"应用型本科规划教材
编审专家委员会名单

主任委员　　　赵建会　　孙龙杰

副主任委员　　汪　阳　　张淑萍　　翁连正　　董世平

委　　员　　　刘淑颖　　李小丽　　屈钧利　　孙　弋

　　　　　　　吴航行　　陈　黎　　李禾俊　　乔宝明

前　言

　　本书按照教育部高等学校非物理类专业物理基础课程教学指导委员会于 2010 年制定的《理工类大学物理实验课程教学基本要求》，结合多年工科物理实验的教学实践以及教学改革和课程建设的经验，参照历年使用的教材编写而成，适用于各类高等院校工科专业和理科非物理专业的本科物理实验教学。

　　本书具有以下特点：

　　（1）按照国家计量技术规范"JJF1059－2012"的要求，全面使用测量不确定度表示评定实验的测量结果，以替代原测量结果中的测量误差部分。

　　（2）按照 2010 年制定的《理工类大学物理实验课程教学基本要求》配置全书内容，合理安排了基础性实验、综合性实验和设计性实验内容，使学生通过本书的学习既掌握基本的实验技能，又具有初步的实验设计能力。

　　（3）将常用的物理实验方法和实验室常用的仪器单列讲解，方便学生学习和查阅。

　　（4）在选材内容处理上，注意了起点低、终点高，并且注意对学生实验技能的培养和实验方法的训练。注重理论与实践的联系，使学生可以较好地运用和掌握理论知识。

　　（5）结合具体实验，适当介绍了相关的物理实验史料和物理实验在现代科学技术中的应用知识，以开拓学生的视野，提高学生的兴趣。

　　（6）新增了在当代科学研究与工程技术中广泛应用的现代物理技术实验内容，如激光技术和传感器技术等。

　　全书共分八章，第一章由浅入深地讲解了测量误差、测量不确定度和实验数据处理的方法；第二章讲解了物理实验常用测量方法；第三章讲解了物理实验常用仪器；第四章是力学、热学的基础性实验内容；第五章是电磁学实验内容；第六章是光学实验内容；第七章是近代物理实验内容；第八章是设计性实验内容；书后附录给出了最新的物理常数表、中华人民共和国法定计量单位（摘录），以方便学生查阅。

　　本书由王瑞平教授主编，王瑞平（绪论）、张爱君（第一章、第三章）、郭亚丽（第二章）、常琳（第四章、第五章）、孟泉水（第六章）、舒秦（第七章、第八章）等参与本书的编写。

　　本书在编写的过程得到了杨华平老师的大力帮助，在此向他表示感谢。

　　物理实验教材的编写离不开物理实验室的建设，本书是实验室建设的集体结晶，在此向参与实验室建设的所有人员表示感谢。

　　在本书的编写过程中，作者借鉴和参阅了许多兄弟院校的相关教材，这些教材均列入书后的参考文献中，在此向其作者表示感谢。

　　由于作者水平有限，且时间较为仓促，书中难免有不妥之处，敬请同仁批评指正。

编　者

2018 年 6 月

目　　录

绪　论

物理学是研究物质的基本结构、基本运动形式、相互作用及其转化规律的学科。它的基本理论渗透在自然科学的各个领域，应用于生产技术的许多部门，是自然科学和工程技术的基础。

在人类追求真理、探索未知世界的过程中，物理学展现了一系列科学的世界观和方法论，深刻影响着人类对物质世界的基本认识、人类的思维方式和社会生活，是人类文明的基石，在人才的科学素质培养中具有重要的地位。

在物理学的发展过程中，实验起了重要的作用，物理理论及学说的提出无一不以实验观测为基础，而又进一步被实验所验证，如开普勒行星运动三定律的提出、牛顿万有引力定律的提出和经典力学体系的建立、能量守恒与转换定律的提出以及麦克斯韦电磁场理论的建立都是对实验、观测规律的总结。而1846年海王星和1930年冥王星的发现则是牛顿万有引力定律正确性的有力佐证；1887年赫兹关于电磁波的实验则从实验上证明了麦克斯韦的电磁场假设，使之成为举世公认的理论；1887年的迈克尔逊-莫雷实验和19世纪末的黑体辐射实验更促进了20世纪伟大的"相对论"和"量子论"的诞生。这一切都说明了物理学本质上是一门实验科学，实验是物理学的基础，物理理论离不开实验，物理理论与物理实验是相辅相成的，离开了物理实验，物理理论就成了无源之水、无本之木。

物理实验的重要作用，可简单归结为以下几条：

（1）物理实验是提出物理理论及学说的基础，如开普勒行星运动三定律的提出。

（2）物理实验是判断物理理论正确与否的依据，如关于光的本质研究的"杨氏双缝干涉实验"对光的波动理论的证明以及后期的光电效应和康普顿效应对光的量子理论的证明。

（3）物理实验能够推广应用物理理论，开拓应用新领域。如电磁场理论建立之后，由各类电磁学实验产生的发明创造，如发电机、电报等推动了电气工业和通信工业的发展。

（4）物理实验是科学实验的先驱，体现了大多数科学实验的共性，在实验思想、实验方法以及实验手段等方面是各学科科学实验的基础。

综上所述，我们应该重视物理实验课程，做好物理实验，掌握最基本的实验知识和技能，掌握基本的实验分析方法和数据处理方法，为以后从事自然科学和工程技术的研究打下良好的基础。

一、物理实验课的地位、作用和任务

物理实验课是高等理工科院校对学生进行科学实验基本训练的必修课程，是大学生进入大学后接受系统实验方法和实验技能训练的开端。物理实验课覆盖了广泛的学科领域，具有多样化的实验思想、实验方法、实验手段以及综合性很强的基本实验技能，在培养学生创新意识和创新能力，引导学生确立正确科学思想和科学方法，提高学生的科学素养以及培养学生严谨的治学态度、活跃的创新意识、理论联系实际和适应科技发展的综合应用能力等方面具有其他实践类课程不可替代的作用。

物理实验课的任务如下：

1. 培养与提高学生科学实验基本素质，确立正确的科学思想和科学方法

通过物理实验课的教学，使学生掌握测量误差及测量不确定度分析、实验数据处理的基本理论和方法，学会常用仪器的调试和使用，了解常用的实验方法，能够对常用物理量进行一般测量，具有初步的实验设计能力，同时能有效提高学生的科学实验能力，其中包括：

独立实验的能力——能够通过阅读实验教材、查询有关资料，掌握实验原理及方法，做好实验前的准备工作；正确使用仪器及辅助设备（如计算机等），独立完成实验内容，撰写合格的实验报告，逐步培养学生独立实验的能力。

分析与研究的能力——能够融合实验原理、设计思想、实验方法及相关的理论知识对实验结果进行判断、归纳与分析，通过实验掌握物理现象和物理规律研究的基本方法，培养学生分析与研究问题的能力。

理论联系实际的能力——能够在实验中发现问题、分析问题和解决问题；能够根据物理理论与实验的要求建立合理模型并完成简单的设计性实验，培养学生综合运用所学知识和技能解决实际问题的能力。

2. 培养与提高学生的创新思维、创新意识和创新能力

通过物理实验引导学生深入观察实验现象，建立合理的模型，定量研究物理规律；使学生能够运用物理学理论对实验现象进行初步的分析和判断，逐步学会提出问题、分析问题和解决问题的方法；激发学生创造性思维，使其能够完成符合规范要求的设计性内容的实验，进行简单的具有研究性或创意性内容的实验。

3. 培养与提高学生的科学素养

要求学生具有理论联系实际和实事求是的科学作风、严肃认真的工作态度、主动研究的探索精神以及遵守纪律、团结协作和爱护公共财产的优良品德。

二、物理实验课的主要教学要求

1. 预习

预习是保证实验顺利进行的重要步骤，实验前学生应认真仔细阅读实验教材并查阅相关资料，了解相关仪器的构造和使用方法，对实验步骤、实验原理、实验方法以及要测量的相关物理量做到心中有数。在实验前应明确实验任务，并写出预习报告。预习报告应包括以下几项内容：

（1）实验名称；

（2）实验目的；

（3）实验原理（包括相关的实验方法或仪器测量原理、文字叙述及公式）；

（4）实验步骤；

（5）画好原始实验数据的记录表格；

（6）画出与实验相关的原理图、电路图或光路图等。

2．实验

学生必须携带预习报告和实验教材进入实验室做实验。实验时应根据实验步骤和要求，认真调试仪器，使仪器处于正常工作状态，仔细观察实验现象并测量相关的物理量，正确读取和记录数据，独立完成实验。

测量结束后要尽快整理并分析数据，以便及时发现问题，做出必要的补充测量。

实验完毕后，将数据送交教师审阅，待教师签字认可后，再拆除实验装置并将仪器及实验台整理好。

3．撰写实验报告

实验报告是实验工作的总结，撰写实验报告是实验课的重要任务之一。合格的实验报告就是一篇模拟的科学论文，是以后进行科学实验并撰写科学论文的基础，应学会撰写简明扼要、整洁清晰、数据准确可靠并对实验结果进行简单分析的实验报告。实验报告应包括以下内容：

（1）实验名称和实验日期；

（2）实验目的；

（3）实验仪器（包括规格及编号）；

（4）实验原理（包括实验所依据的物理定律、物理公式、电路图、光路图等）；

（5）数据和图表（包括测量的原始数据及表格、计算结果、测量不确定度计算及结果表达式和用图表对数据的综合表述等）；

（6）分析讨论（包括实验的心得体会、对实验中出现的问题或者误差因素的分析、对实验装置和实验方法的改进意见）。

三、实验室规则

（1）学生进入实验室前，必须写好预习报告并画好原始实验数据表格，经教师检查同意后方可进行实验。

（2）使用电源时，需经教师检查后方可接通电源。

（3）爱护实验设备，不能擅自搬弄仪器，实验中严格按仪器说明书操作，损坏仪器要赔偿。

（4）遵守纪律，保持实验室安静。

（5）实验结束后，学生应将仪器整理复原，并打扫实验室卫生。

（6）独立完成实验及实验报告，不得伪造或抄袭数据，实验报告在实验完成后一周内送交任课教师。

第一章　测量误差、测量不确定度

和实验数据处理

物理实验离不开测量，测量必须给出测量结果评定，传统上对测量结果的评定是以"误差"概念为基础的。误差定义为"测量结果减去被测量的真值"，而严格意义上的真值是无法得到的，因而严格意义上的误差也无法得到。另外，由于误差来源的随机误差和系统误差很难严格区分，在数学上也无法找到随机误差和系统误差统一的合成方法，使得各国之间以及同一国家内部的不同测量领域、不同测量人员采用的误差处理方法不一致，导致测量结果缺乏可比性。在20世纪60年代，世界各国采用测量不确定度概念来统一评价测量结果，才使得不同领域、不同国家间的测量有了可比性，便于国际科技交流。

考虑到传统误差理论使用已久，且误差理论是测定不确定度的基础，而测量不确定度是误差理论的发展，它的评定要用到误差理论中的基础知识，同时平均（绝对）误差的概念比测量不确定度的概念更容易让学生接受，因此本章由浅入深地介绍了误差理论和测量不确定度，讲解了有效位数、数据处理方法和随机变量常用分布等知识。本书在实验结果的评定上全面采用测量不确定度表示方法。

1.1　测量误差基本知识

1.1.1　测量

1. 定义

测量是物理实验的基本内容之一，其实质是将待测物体的某物理量与相应的标准做定量比较，其目的是要把所研究的量与一个数值联系起来，即测量是以确定量值为目的的一组操作，测量的结果应包括：数值（即度量的倍数）、单位（所选定的特定量）以及结果可信赖的程度（用不确定度表示）。上述三项称为测量结果表达式中的三要素。按照《中华人民共和国计量法》规定，我国采用国际单位制（SI制）为国家法定计量单位，即以米、千克、秒、安培、开尔文、摩尔、坎德拉作为基本单位，其他量都由以上7个基本单位导出，称为国际单位制的导出单位，中华人民共和国法定计量单位（摘录）见本书附录2。

2. 直接测量和间接测量

按测量方法的不同，测量可分为直接测量和间接测量两类。直接测量就是将待测量和标准量直接进行比较，或者从已用标准量校准的仪器上直接读出测量值的方法，其特点是待测量的值和量纲可直接得到。如用米尺、游标卡尺测长度，用秒表测时间，用天平称质量,用电流表测电流等均为直接测量,相应的测量结果(长度、时间、质量、电流等)称为直接测量量。

间接测量就是通过测量与被测量有函数关系的其他量,计算出被测量值的一种测量方法。例如,用单摆测量重力加速度时,由 $T = 2\pi\sqrt{\dfrac{L}{g}}$,可以先用米尺直接测出摆线长度 L,用秒表测出振动周期 T,再根据公式 $g = \dfrac{4\pi^2}{T^2}L$ 求出重力加速度 g,g 为间接测量量。

3. 等精度测量和不等精度测量

根据多次测量过程中的测量条件变化与否,测量可分为等精度测量和不等精度测量。

等精度测量是指在相同实验条件下对同一物理量所做的重复测量。由于各次测量的实验条件相同,各次测量结果的可靠性也是相同的,没有理由认为哪一次测量更精确或更可靠,所以各次测量是等精度的。

若在重复测量过程中,实验条件如测量人、仪器、实验方法或环境因素等发生改变,则这样的测量是不等精度测量。

在实际测量过程中,没有绝对不变的人和事物,运动是绝对的,实验条件总是处于变化之中,但只要其变化对实验的影响很小乃至可以忽略,就可以认为是等精度测量。若实验条件部分或全部发生明显变化,显著影响实验结果,则为不等精度测量。本书中若不强调说明,所指测量均为等精度测量。

1.1.2 误差

1. 真值

测量的最终目的是要获得待测物理量的真值,而真值是"与给定的特定量的定义一致的值"。真值是一个理想的概念,其本值是不确定的,但可以通过改进特定量的定义、测量方法和条件等,使获得的量值足够地逼近真值,满足实际使用测量值时的需要。在实际测量中使用约定真值来代替真值,约定真值可以是指定值、最佳估计值、约定值、参考值或理论值,实验中常用某量的多次测量结果来确定约定真值,如算术平均值就是最佳估计值。

2. 误差

由于实验方法和测量条件的局限,测量值并非真值,测量值与真值之间必然存在或多或少的差值,这种差值称为测量误差,简称误差,误差=测量值-真值。

当误差与相对误差有区别时,误差又称为绝对误差,绝对误差可正可负,注意不要与误差的绝对值相混淆。绝对误差反映了测量值偏离真值的大小和方向。

3. 误差分类

由于测量值必然有误差,因此我们需要对测量值的准确程度做出估计,这就需要研究误差的来源、性质以及处理方法,从而完善测量的方法,减少误差。

按照误差的特征,可将测量的误差分为系统误差、随机误差和粗大误差三类:

(1) 系统误差:在重复性条件下,对同一被测量进行无限多次测量所得结果的平均值与被测量的真值之差,即 $\delta = \lim\limits_{n \to \infty}\dfrac{1}{n}\sum\limits_{i=1}^{n}x_i - x_0$。系统误差及其原因不能完全获知,但其来源主要有以下三种：

① 方法误差：由于实验原理不完善，公式的近似性以及实验方法过于简化等原因产生的误差。如用单摆测重力加速度时，忽略了空气对摆动的阻力；用伏安法测电阻时，忽略了电表内阻的影响等。

② 仪器误差：由于仪器本身的缺陷或使用不当而产生的误差。如米尺的刻度不均匀，天平的两臂不等长，应水平放置的仪器没有水平放置等。

③ 个人误差：由于实验者本人的生理特点或不良习惯产生的误差。如用秒表测时间时，有的人习惯早按，有的人习惯迟按；观察仪表指针时，有的人习惯将头偏向一边等。

通过校准仪器、完善实验理论、改善实验条件和测量方法，可以将系统误差减小到允许的程度。但增加测量次数并不能减小系统误差。

（2）随机误差：测量结果与在重复性条件下，对同一被测量进行无限多次测量所得结果的平均值之差，即 $\delta_i = x_i - \lim_{n \to \infty} \frac{1}{n} \sum_{i=1}^{n} x_i$。随机误差来源于影响量的变化，这种变化在时间上和空间上是不可预知的或随机的，它会引起被测量重复观测值的变化。就单个随机误差而言，它没有确定的规律，但就整体而言，随机误差却服从一定的统计规律，故可用统计方法估计其界限或它对测量结果的影响。增加测量次数，可减小随机误差。

服从正态分布的随机误差具有以下四大特征：

① 单峰性：绝对值小的误差比绝对值大的误差出现的概率大。

② 对称性：绝对值相等的正负误差出现的概率相等。

③ 有界性：误差的绝对值不会超过一定的界限，即不会出现绝对值很大的误差。

④ 抵偿性：随机误差的算术平均值随着测量次数的增加而越来越趋向于零，即

$$\lim_{m \to \infty} \frac{1}{m} \sum_{i=1}^{m} \delta_i = 0$$

随机误差主要有以下三种来源：

① 判断性误差：实验者在对准目标（刻线等）、确定平衡（如天平）、估计读数时而产生的误差。

② 实验条件的起伏：如电源电压的波动，环境温度、湿度的变化等产生的误差。

③ 微小干扰：如振动、空气流动、外界电磁场干扰的影响等产生的误差。

由于测量次数有限，实验中可确定的系统误差和随机误差分别是系统误差的估计值和随机误差的估计值。

（3）粗大误差：明显地与事实不符的误差。它是由于测量者粗心大意，或者实验条件突变、仪器在非正常状态下工作、无意识的不正确操作等因素造成的。含有粗大误差的测量值称为可疑值。在没有充分依据的前提下，可疑值绝不能随意去除，应按照一定的统计准则予以剔除。

4. 测量的精密度、正确度和精确度

通常系统误差和随机误差是混在一起出现的，有时也难以区分。在科学实验中，常用"精密度"表示随机误差的大小，反映测量结果的分散性，即测量值 x_i 偏离均值 $\bar{x}$ 的程度；用"正确度"表示系统误差的大小，反映 $\bar{x}$ 接近真值 x_0 的程度；用"精确度"综合反映随机误差和系统误差的大小。如图 1.1-1 的(a)、(b)、(c)三张打靶图，圆心为目标，黑点为弹

着点，(a)图表示射击的精密度高，即分散性小，但弹着点均值偏离目标较大，即随机误差小而系统误差大；(b)图比(a)图系统误差小，但随机误差大，即精密度低而正确度高；(c)图弹着点比较集中且又聚集在靶心，表示精确度高，即精密度高、正确度也高。

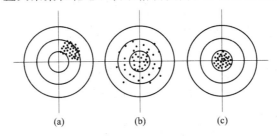

图 1.1-1　三种测量结果分布示意图

5. 测量误差的表示

实验中，常用绝对误差、相对误差、百分误差表示测量结果的优劣。由于真值无法得到，常用多次测量的算术平均值 $\bar{x}$ 替代真值。测量值与算术平均值之差称为残差。即

$$v_i = x_i - \bar{x}$$

(1) 绝对误差：测量值减去被测量的真值。即

$$绝对误差\ \Delta x = |测量值\ x - 真值\ x_0|$$

(2) 相对误差：测量误差与被测量真值之比。即

$$相对误差\ E = \frac{测量误差}{真值} \times 100\%$$

(3) 百分误差：有时将测量值与理论值或公认值进行比较，用百分误差 E_r 表示

$$E_r = \frac{|测量值 - 理论值|}{理论值} \times 100\%$$

当两个被测量的值大小相近时，通常用绝对误差比较测量结果的优劣；当两个被测量值相差较大时，用相对误差才能进行有效比较。如测量标称值分别为 9.8 mm 和 99.8 mm 的甲、乙两物体的长度，实测值分别为 10.0 mm 和 100.0 mm，两者的绝对误差都为 +0.2 mm，无法用绝对误差比较两者的测量水平，而用相对误差表示时，甲为 2%，乙为 0.2%，所以乙测量结果比甲准确，乙比甲的测量水平高出一个数量级。

1.1.3　随机误差的估算

1. 多次等精度直接测量误差及测量结果表示

(1) 算术平均值：设对物理量 x 进行了 n 次测量，各次测量值分别为 x_1，x_2，$\cdots$，x_n，则算术平均值 $\bar{x} = \dfrac{1}{n} \sum\limits_{i=1}^{n} x_i$，可以证明，算术平均值即是该物理量的最佳估计值。

(2) 平均误差（或平均绝对误差）：各次测量值的残差 $v_i = x_i - \bar{x}$，$i = 1, 2, \cdots, n$，各残差绝对值的算术平均值称为平均（绝对）误差：

$$\overline{\Delta x} = \frac{1}{n} \sum_{i=1}^{n} |v_i| = \frac{1}{n} \sum_{i=1}^{n} |x_i - \bar{x}|$$

当测量次数少，测量仪表准确度不高时或数据离散性不大时，可用平均（绝对）误差估算随机误差。

用平均(绝对)误差表示的测量结果为

$$\begin{cases} x = \bar{x} \pm \overline{\Delta x} \\ E = \dfrac{\overline{\Delta x}}{\bar{x}} \times 100\% \end{cases}$$

根据高斯误差理论，上式表示物理量 x 的真值落在 $(\bar{x} - \overline{\Delta x}, \bar{x} + \overline{\Delta x})$ 内的概率是 57.5%。

例 1.1.1 用米尺测量一铜棒的长度，共测量 5 次，各次的测量值为 $L_1 = 23.2$ mm，$L_2 = 23.2$ mm，$L_3 = 23.3$ mm，$L_4 = 23.1$ mm，$L_5 = 23.1$ mm，试写出测量结果的表达式。

解 ① 算术平均值：

$$\bar{L} = \frac{1}{5} \sum_{i=1}^{5} L_i = 23.2 \text{ mm}$$

② 平均绝对误差：

$$\overline{\Delta L} = \frac{1}{5} \sum_{i=1}^{5} |L_i - \bar{L}| = 0.06 \text{ mm} \approx 0.1 \text{ mm}$$

米尺的最小分度值为 1 mm，所以我们只能估读出 0.1 mm。当平均绝对误差小于仪器的估读数时，平均绝对误差一般取仪器的估读数。

③ 相对误差：

$$E = \frac{\overline{\Delta L}}{\bar{L}} \times 100\% = \frac{0.1}{23.2} \times 100\% = 0.4\%$$

④ 测量结果：

$$\begin{cases} L = (23.2 \pm 0.1) \text{mm} \\ E = 0.4\% \end{cases}$$

它表示铜棒长度的真值落在 23.1～23.3 mm 范围内的可能性是 57.4%。

(3) 标准误差：在物理实验和科技论文中，更常用的是用标准误差来计算测量列随机误差的大小，因为标准误差更符合随机误差的正态分布理论，显然标准误差的计算比绝对误差的计算复杂。标准误差的数学表达式为 $\sigma = \sqrt{\dfrac{1}{n} \sum_{i=1}^{n} (x_i - x_0)^2}$ $(n \to \infty)$，x_0 为真值。

而实际的测量次数都是有限的，实际计算时，用 $\bar{x}$ 代替真值 x_0，则标准误差 σ 的估计值为：$S = \sqrt{\dfrac{1}{n-1} \sum_{i=1}^{n} (x_i - \bar{x})^2}$，称为标准偏差。此式称为贝塞尔公式。

用数学知识可以证明算术平均值 $\bar{x}$ 的标准偏差 $S_{\bar{x}}$ 是测量列标准偏差 S 的 $\dfrac{1}{\sqrt{n}}$ 倍，即

$$S_{\bar{x}} = \frac{S}{\sqrt{n}} = \sqrt{\frac{\sum_{i=1}^{n} (x_i - \bar{x})^2}{n(n-1)}}$$

表明多次测量可以减小随机误差，测量次数一般用 6～10 次。

用标准偏差表示的结果为

$$\begin{cases} x = \bar{x} \pm S_{\bar{x}} \\ E = \dfrac{S_{\bar{x}}}{\bar{x}} \times 100\% \end{cases}$$

按照随机误差的统计理论，上式表示测量列中任一测量值的误差落在区间$(-S_{\bar{x}}, +S_{\bar{x}})$内的概率是 68.3%，物理量的真值落在$(\bar{x}-S_{\bar{x}}, \bar{x}+S_{\bar{x}})$内的概率也是 68.3%。

若误差取标准误差的 3 倍即 3σ，则测量列中任一测量值的误差落在区间$(-3\sigma, +3\sigma)$内的概率是 99.7%，落在这区间外的概率只有 0.3%，所以误差实际上不会超过此区间，因此称 3σ 为极限误差，用 Δ 表示，即 $\Delta=3\sigma$。误差大于 3σ 的测量值可以认为是错误的，一般可以舍去，称为 3σ 准则。但 3σ 准则是以测量次数充分大为前提的，在测量次数较少时，不宜用此准则，只有测量次数 $n>50$ 时才适用。

例 1.1.2　测量某物体的长度，共测 9 次，各次测量值分别为 23.2 mm，23.4 mm，23.6 mm，23.0 mm，23.7 mm，23.2 mm，23.6 mm，23.0 mm，23.7 mm，试用标准误差表示测量结果。

解　测量值及计算结果(见表 1.1－1)如下。

① 算术平均值：

$$\bar{L} = \frac{1}{9} \sum_{i=1}^{9} L_i = 23.4(\text{mm})$$

② 测量列标准偏差：

$$S = \sqrt{\frac{1}{n-1} \sum_{i=1}^{n} (L_i - \bar{L})^2} = \sqrt{\frac{0.66}{9-1}} = 0.29(\text{mm})$$

③ 算术平均值的标准偏差：

$$S_{\bar{L}} = \frac{1}{\sqrt{n}} S = \frac{0.29}{\sqrt{9}} = 0.1(\text{mm})$$

④ 相对误差：

$$E = \frac{S_{\bar{L}}}{L} \times 100\% = \frac{0.1}{23.4} \times 100\% = 0.4\%$$

⑤ 测量结果：

$$\begin{cases} L = (23.4 \pm 0.1)\text{mm} \\ E = 0.4\% \end{cases}$$

表 1.1－1　测量值及计算结果

测量次数	L_i/mm	$(L_i-\bar{L})/\text{mm}$	$(L_i-\bar{L})^2/\text{mm}^2$
1	23.2	-0.2	0.04
2	23.4	0.0	0.00
3	23.6	0.2	0.04
4	23.0	-0.4	0.16
5	23.7	0.3	0.09
6	23.2	-0.2	0.04
7	23.6	0.2	0.04
8	23.0	-0.4	0.16
9	23.7	0.3	0.09

2. 单次测量误差估算及测量结果表示

在实验中，有些物理量需动态测量，而且只能测量一次；或在间接测量过程中，某一物理量的误差对最后的结果影响较小等，则可以对被测量只测量一次，称为单次测量。单次测量的误差，采用平均误差表示时，一般取仪器最小分度 Δ 的一半，或用仪器的误差限 $\Delta_{仪}$ 表示，即 $\Delta x = \dfrac{\Delta}{2}$，或 $\Delta x = \Delta_{仪}$。

若采用标准误差表示，单次测量的标准误差为 $\sigma = \dfrac{\Delta}{k}$，$k$ 是与仪器误差分布（见表 1.1-2）有关的常数。Δ 为仪器的极限误差，没有标出极限误差的仪器，则为其最小分度。

表 1.1-2 k 因子与仪器误差分布关系

仪器	米尺	游标卡尺	千分尺	秒表	物理天平	电表、电阻箱
误差分布	正态	矩形	正态	正态	正态	近似均匀
k	3	$\sqrt{3}$	3	3	3	$\sqrt{3}$

例如，米尺最小分度 $\Delta = 1$ mm，用米尺测物体长度：

单次测量的平均误差，$\Delta x = \dfrac{1}{2}$ mm $= 0.5$ mm；

单次测量的标准误差，$\sigma = \dfrac{1}{3}$ mm $= 0.4$ mm。

例如，用 $0 \sim 25$ mm 的一级千分尺测长度，千分尺仪器误差限 $\Delta_{仪} = 0.004$ mm，单次测量平均误差 $\Delta x = \Delta_{仪} = 0.004$ mm，单次测量的标准误差 $\sigma = \dfrac{0.004}{3}$ mm $= 0.002$ mm。

单次测量的测量结果，应表示为

$$\begin{cases} x = x \pm \Delta x（单位） \\ E = \dfrac{\Delta x}{x} \times 100\% \end{cases} \qquad 或 \qquad \begin{cases} x = x \pm \sigma（单位） \\ E = \dfrac{\sigma}{x} \times 100\% \end{cases}$$

1.1.4 间接测量的误差

间接测量量是通过一定的函数关系由各直接测量量计算得到的，而各直接测量量都有误差，所以计算出的间接测量量也必有误差，称为误差的传递。由直接测量量误差计算间接测量量误差的公式称为误差传递公式。

设间接测量量为 N，各直接测量值为 $x_1, x_2, \cdots, x_m$，函数关系为 $N = f(x_1, x_2, \cdots, x_m)$，以下分别讨论采用平均误差和标准偏差情况下的间接测量量误差传递公式。

1. 误差传递基本公式

已知各直接测量量：

$$x_i = \bar{x}_i \pm \overline{\Delta x_i}, \quad i = 1, 2, \cdots, m$$

则间接测量量 N 的算术平均值为 N 的最佳估计值：

$$\bar{N} = f(\bar{x}_1, \bar{x}_2, \cdots, \bar{x}_m)$$

对函数 $N = f(x_1, x_2, \cdots, x_m)$ 求全微分，得

$$dN = \frac{\partial f}{\partial x_1}dx_1 + \frac{\partial f}{\partial x_2}dx_2 + \cdots + \frac{\partial f}{\partial x_m}dx_m$$

误差均为微小量，类似于数学中的微小增量，可以用 Δx_1，Δx_2，$\cdots$，Δx_m 误差符号替代微分符号 dx_1，dx_2，$\cdots$，dx_m，则间接测量的误差为

$$\Delta N = \frac{\partial f}{\partial x_1}\Delta x_1 + \frac{\partial f}{\partial x_2}\Delta x_2 + \cdots + \frac{\partial f}{\partial x_m}\Delta x_m$$

由于各个偏导数的值可正可负，为避免正负抵消，导致对间接测量误差估计不足，各误差分量均取绝对值，则最大误差传递公式为

$$\Delta N = \left| \frac{\partial f}{\partial x_1}\Delta x_1 \right| + \left| \frac{\partial f}{\partial x_2}\Delta x_2 \right| + \cdots + \left| \frac{\partial f}{\partial x_m}\Delta x_m \right|$$

平均误差为

$$\overline{\Delta N} = \left| \frac{\partial f}{\partial x_1}\overline{\Delta x_1} \right| + \left| \frac{\partial f}{\partial x_2}\overline{\Delta x_2} \right| + \cdots + \left| \frac{\partial f}{\partial x_m}\overline{\Delta x_m} \right|$$

对函数 $N = f(x_1, x_2, \cdots, x_m)$ 取自然对数，再取全微分，得

$$\ln N = \ln f(x_1, x_2, \cdots, x_m)$$

$$\frac{dN}{N} = \frac{\partial \ln f}{\partial x_1}dx_1 + \frac{\partial \ln f}{\partial x_2}dx_2 + \cdots + \frac{\partial \ln f}{\partial x_m}dx_m$$

同理得相对误差：

$$E = \frac{\overline{\Delta N}}{\overline{N}} = \left| \frac{\partial \ln f}{\partial x_1}\overline{\Delta x_1} \right| + \left| \frac{\partial \ln f}{\partial x_2}\overline{\Delta x_2} \right| + \cdots + \left| \frac{\partial \ln f}{\partial x_m}\overline{\Delta x_m} \right|$$

$$= \left| \frac{\partial f}{\partial x_1}\frac{\overline{\Delta x_1}}{\overline{N}} \right| + \left| \frac{\partial f}{\partial x_2}\frac{\overline{\Delta x_2}}{\overline{N}} \right| + \cdots + \left| \frac{\partial f}{\partial x_m}\frac{\overline{\Delta x_m}}{\overline{N}} \right|$$

结果表示为

$$\begin{cases} N = \overline{N} \pm \overline{\Delta N}（单位） \\ E - \frac{\overline{\Delta N}}{\overline{N}} \times 100\% \end{cases}$$

例 1.1.3　测得一空心圆柱的内径 $D_1 = (1.01 \pm 0.01)\,cm$，外径 $D_2 = (2.02 \pm 0.02)\,cm$，高 $H = (3.03 \pm 0.03)\,cm$，计算圆柱体的体积和平均绝对误差，并写出测量结果。

解　由题意知：

$$\overline{D_1} = 1.01\,cm, \qquad \overline{\Delta D_1} = 0.01\,cm$$

$$\overline{D_2} = 2.02\,cm, \qquad \overline{\Delta D_2} = 0.02\,mm$$

$$\overline{H} = 3.03\,cm, \qquad \overline{\Delta H} = 0.03\,cm$$

空心圆柱体的体积为

$$V = \frac{\pi}{4}(D_2^2 - D_1^2)H = \frac{\pi}{4}D_2^2 H - \frac{\pi}{4}D_1^2 H = f(D_1, D_2, H)$$

$$\overline{V} = \frac{\pi}{4}\overline{D_2}^2\overline{H} - \frac{\pi}{4}\overline{D_1}^2\overline{H} = 7.28\,cm^3$$

$$E = \frac{\overline{\Delta V}}{\overline{V}} = \left| \frac{\partial f}{\partial D_2} \cdot \frac{\overline{\Delta D_2}}{\overline{V}} \right| + \left| \frac{\partial f}{\partial D_1} \cdot \frac{\overline{\Delta D_1}}{\overline{V}} \right| + \left| \frac{\partial f}{\partial H} \cdot \frac{\overline{\Delta H}}{\overline{V}} \right|$$

$$= \frac{2\overline{D_2} \cdot \overline{\Delta D_2}}{\overline{D_2}^2 - \overline{D_1}^2} + \frac{2\overline{D_1} \cdot \overline{\Delta D_1}}{\overline{D_2}^2 - \overline{D_1}^2} + \frac{\overline{\Delta H}}{\overline{H}} = 5\%$$

$$\overline{\Delta V} = \overline{V} \cdot E = 7.28 \times 5\% = 0.364 \text{ cm}^3 \approx 0.37 \text{ cm}^3$$

测量结果表示为

$$\begin{cases} V = (7.28 \pm 0.37) \text{cm}^3 \\ E = 5\% \end{cases}$$

2. 标准偏差传递公式

若 $N = f(x_1, x_2, \cdots, x_m)$ 中各直接测量量 $x_1, x_2, \cdots, x_m$ 相互独立,各量误差服从高斯分布,用标准偏差估计各直接测量量误差,则间接测量量的标准偏差按"方和根"合成法传递:

$$x_i = \overline{x}_i \pm S_{\overline{x}_i}, \quad i = 1, 2, \cdots, m$$

$$S_{\overline{N}} = \sqrt{\left(\frac{\partial f}{\partial x_1}\right)^2 \cdot S_{\overline{x}_1}^2 + \left(\frac{\partial f}{\partial x_2}\right)^2 \cdot S_{\overline{x}_2}^2 + \cdots + \left(\frac{\partial f}{\partial x_m}\right)^2 \cdot S_{\overline{x}_m}^2}$$

$$E = \frac{S_{\overline{N}}}{N} = \sqrt{\sum_{i=1}^{m} \left(\frac{\partial \ln f}{\partial x_i}\right)^2 \cdot S_{\overline{x}_i}^2}$$

例 1.1.4 用千分尺测一圆柱体的直径,50 分度游标卡尺测高,物理天平测质量,直径、高和质量表达式用标准差表示,结果如下:$d = (0.5645 \pm 0.0003)\text{cm}$,$H = (6.715 \pm 0.005)\text{cm}$,$m = (14.06 \pm 0.01)\text{g}$,求其密度。

解 由题知:

$$\overline{d} = 0.5645 \text{ cm}, \quad \sigma_d = 0.0003 \text{ cm}$$

$$\overline{H} = 6.715 \text{ cm}, \quad \sigma_H = 0.005 \text{ cm}$$

$$\overline{m} = 14.06 \text{ g}, \quad \sigma_m = 0.01 \text{ g}$$

圆柱体的密度公式为

$$\rho = \frac{4m}{\pi d^2 H} = f(m, d, H)$$

则

$$\overline{\rho} = \frac{4\overline{m}}{\pi \overline{d}^2 \overline{H}} = 8.366 \text{ g/cm}^3$$

$$\ln f = \ln \rho = \ln 4 + \ln m - \ln \pi - \ln d^2 - \ln H$$

$$E = \frac{\sigma_{\overline{\rho}}}{\rho} = \sqrt{\left(\frac{\partial \ln f}{\partial m}\right)^2 \cdot \sigma_m^2 + \left(\frac{\partial \ln f}{\partial d}\right)^2 \cdot \sigma_d^2 + \left(\frac{\partial \ln f}{\partial H}\right)^2 \cdot \sigma_H^2}$$

$$= \sqrt{\left(\frac{\sigma_m}{\overline{m}}\right)^2 + \left(\frac{2\sigma_d}{\overline{d}}\right)^2 + \left(\frac{\sigma_H}{\overline{H}}\right)^2} = 0.15\%$$

$$\sigma_\rho = \overline{\rho} \cdot E = 8.366 \times 0.15\% = 0.013 \text{ g/cm}^3$$

圆柱体的密度为

$$\begin{cases} \rho = (8.366 \pm 0.013) \text{g/cm}^3 \\ E = 0.15\% \end{cases}$$

1.2 测量不确定度评定与表示

测量不确定度(Measurement Uncertainty)是建立在误差理论基础上的新概念,其应用具有广泛性和实用性。正如国际单位制（SI 制）一样，目前，测量不确定度评定已被世界各国、各领域采用。1993 年，国家标准化组织（ISO）、国际理论物理与应用物理联合会等 7 个国际组织联合发布了《测量不确定度表示指南》(Guide to the Expression of Uncertainty in Measurement，简称 GUM)。我国于 2012 年全面施行《测量不确定度评定与表示》(JJF1059 —2012)，以替代原技术规范中的测量误差部分。

测量不确定度评定与表示的统一，使不同国家、不同地区、不同学科、不同领域在表示测量结果及评定时具有一致的含义。

1.2.1　测量不确定度的基本概念

1．测量不确定度

测量不确定度是与测量结果相联系的参数，是误差的量化指标，表征合理地赋予被测量之值的分散性。测量不确定度可以是标准差或其倍数，或说明了置信水准的区间的半宽度。测量不确定度由多个分量组成，其中一些分量可用测量列结果的统计分布估算，并用实验标准差表征；另一些分量则可用基于经验或其他信息的假定概率分布估算，也可用标准差表征。本书中若不另外强调，测量不确定度则一律用合成标准不确定度表示。

测量不确定度是指对测量结果正确性的可疑程度，不确定度恒为正值；而测量结果是被测量的最佳估计，实验中用算术平均值 $\bar{x}$ 表示。

2．标准不确定度

以标准差表示的测量不确定度，如用贝塞尔函数表示的实验标准差：

$$S(x_i) = \sqrt{\frac{\sum_{i=1}^{n}(x_i - \bar{x})^2}{n-1}}$$

或用仪器误差限等转换成的标准不确定度。

算术平均值 $\bar{x}$ 的实验标准差：

$$S(\bar{x}) = \frac{1}{\sqrt{n}}S(x_i) = \sqrt{\frac{\sum_{i=1}^{n}(x_i - \bar{x})^2}{n(n-1)}}$$

则算术平均值 $\bar{x}$ 的标准不确定度为：$u(\bar{x}) = S(\bar{x})$。

测量结果 $x = \bar{x} \pm u(\bar{x})$ 表示 x 落在 $(\bar{x}-u(\bar{x}), \bar{x}+u(\bar{x}))$ 内的概率是 68.3%。

3．合成标准不确定度

当测量结果由若干个其他量的值求得时，按其他各量的方差和协方差算得的标准不确定度，可以按不确定度分量的 A、B 两类评定方法分别合成。本书中一般只考虑各分量相互独立的情况。合成标准不确定度用 u_c 表示。

若 $y = f(x_1, x_2, \cdots, x_N)$，$x_1, x_2, \cdots, x_N$ 相互独立，则

$$u_c(y) = \sqrt{\sum_{i=1}^{N}\left(\frac{\partial f}{\partial x_i}\right)^2 u^2(x_i)}$$

或

$$u_c(y) = \sqrt{\sum_{i=1}^{m}\left(\frac{\partial f}{\partial x_i}\right)^2 u_A^2(x_i) + \sum_{i=m+1}^{N}\left(\frac{\partial f}{\partial x_i}\right)^2 u_B^2(x_i)}$$

4. 自由度

自由度的定义：在方差的计算中，和的项数减去对和的限制数。如在重复性条件下，对被测量作 n 次独立测量时所得的样本方差为 $(v_1^2+v_2^2+\cdots+v_n^2)/(n-1)$，其中残差为

$$v_1=x_1-\overline{x},\quad v_2=x_2-\overline{x},\cdots,\quad v_n=x_n-\overline{x}$$

和的项数即为残差的个数 n（也是测量次数），而约束条件为 $\sum v_i=0$，即限制数为 1，则自由度为 $\gamma=n-1$。

对于最小二乘法，自由度 $\gamma=n-t$（n 为数据个数，t 为未知数个数）。

合成标准不确定度 $u_c(y)$ 的自由度称为有效自由度 γ_{eff}。若

$$u_c(y)=\sqrt{\sum_{i=1}^{N}\left(\frac{\partial f}{\partial x_i}\right)^2 u^2(x_i)}$$

则有效自由度 v_{eff} 可由韦尔奇-萨特思韦特公式计算：

$$\gamma_{\text{eff}}=\frac{u_c^4(y)}{\displaystyle\sum_{i=1}^{N}\frac{u_i^4(y)}{v_i}}$$

或乘除函数：

$$\gamma_{\text{eff}}=\frac{(u_c(y)/y)^4}{\displaystyle\sum_{i=1}^{N}\frac{\left(\dfrac{\partial f}{\partial x_i}\cdot u(x_i)/x_i\right)^4}{v_i}}=\frac{(u_{\text{crel}}(y))^4}{\displaystyle\sum_{i=1}^{N}\frac{\left(\dfrac{\partial f}{\partial x_i}\cdot u_{\text{crel}}(x_i)\right)^4}{v_i}}$$

t 分布中要用到自由度（γ）。

5. 扩展不确定度

扩展不确定度是将合成标准不确定度扩展 k 倍得到的，扩展不确定度有 U 和 U_p 两种。$U=ku_c$ 为标准差的倍数，$k=1$，2，3 分别表示物理量 x 落在 $(\overline{x}-U,\overline{x}+U)$ 内的概率为 $p=68.3\%$，95.4% 和 99.7%。

$U_p=k_p u_c$ 为具有置信概率 p 的置信区间的半宽，表示物理量 x 落在 $(\overline{x}-U_p,\overline{x}+U_p)$ 内的概率为 p，k_p 由统计分布及置信概率 p 查表求得。如正态分布下，置信概率 $p=95\%$，对应的 $k_p=1.96$，对应的扩展不确定度记为 $U_{95}=1.96u_c$。

k 与 k_p 称为包含因子。

常用仪器、仪表的误差限可理解为 $p=100\%$ 的扩展不确定度，即 $U_{100}=\Delta_{\text{仪}}$，在 B 类评定中，由 $\Delta_{\text{仪}}=ku_c$，可求出 $u_c=\Delta_{\text{仪}}/k$，k 由分布决定，正态分布 $k=3$，均匀分布 $k=\sqrt{3}$，三角分布 $k=\sqrt{6}$，t 分布表可查相关手册。

6. 测量不确定度的 A 类评定

用对观测列进行统计分析的方法，来评定标准不确定度，相应的标准不确定度用 u_A 表示。物理实验教学中我们采用平均值的实验标准偏差表示 u_A，即

$$u_A=S(\overline{x})=\frac{1}{\sqrt{n}}S(x_i)=\sqrt{\frac{\displaystyle\sum_{i=1}^{n}(x_i-\overline{x})^2}{n(n-1)}}$$

在实验中，一般只能进行有限次的测量，这时测量残差不一定会服从正态分布规律，而是服从 t 分布。此时，A 类不确定度等于实验标准偏差乘以 t 分布因子 $\dfrac{t_p(n-1)}{\sqrt{n}}$，即

$$U_p = \frac{t_p(n-1)}{\sqrt{n}}S(x) = t_p(n-1)S(\bar{x})$$

式中，$t_p(n-1)$ 是与测量次数 n 及置信概率 p 有关的量。

$t_p(n-1)$ 可查概率分布表得到，表 1.2 - 1 是部分数据（$p=0.95$）。

表 1.2 - 1　$t_p(n-1)$ 与测量次数 n 的关系

测量次数 n	2	3	4	5	6	7	8	9	10
$\dfrac{t_p(n-1)}{\sqrt{n}}$	8.98	2.48	1.59	1.24	1.05	0.93	0.84	0.77	0.72

从表 1.2 - 1 中可见，当 $5 \leqslant n \leqslant 10$ 时，因子 $\dfrac{t_p(n-1)}{\sqrt{n}}$ 近似取 1，这时可简化为 $U_p = S_x$。在基础物理实验中，测量次数 n 一般不大于 10，作 $U_p = S_x$ 近似，置信概率接近或大于 95%，当测量次数不在上述范围且测量要求较高时，要从有关数据表中查出相应的 $t_p(n-1)$ 因子。

测量次数 n 充分多，才能使 A 类不确定度评定可靠，一般认为 n 应大于 5，但也要看实际情况而定，当该 A 类不确定分量对合成标准不确定度的贡献较大时，n 不宜太小，反之，当该 A 类不确定度分量对合成不确定度的贡献较小时，n 小一些也影响不大。

7. 测量不确定度的 B 类评定

用不同于对观测列进行统计分析的方法，来评定标准不确定度，相应的标准不确定度用 u_B 表示。获得 B 类标准不确定度的信息来源一般有：

（1）以前的观测数据。

（2）对有关技术材料和观测仪器特性的了解和经验。

（3）生产部门提供的技术说明文件。

（4）校准证书、检定评书或其他文件提供的数据、准确度的等级或级别，包括目前仍在使用的极限误差等。

（5）手册或某些材料给出的参考数据及其不确定度。

（6）规定实验方法的图像标准或类似技术文件中给出的重复性限 r 或复现性限 R。

本书中主要考虑仪器误差限 $\Delta_{仪}$，它是指计量器具的示值误差，或是按仪表准确度等级算得的最大基本误差。本书中约定采用测量仪器的误差限折合成 B 类标准不确定度，$u_B = \Delta_{仪}/k$，k 大于 1，是与误差分布特性有关的系数。

目前，很多仪器在最大允差范围内的分布性质还不清楚，这种情况下，一般采取保守性估计，k 取较小值。对于误差分布未知的情况，本书均简化为均匀分布处理，即取 $k=\sqrt{3}$，仪器误差限由实验室提供。常用仪器误差限及误差分布见表 1.2 - 2。

对于数字显示式测量仪器，若分辨力为 δx，则由此带来的标准不确定度为 $u_B = \dfrac{\delta x}{2\sqrt{3}}$。

表 1.2-2　常见仪器量具主要技术指标及误差分布

仪器量具	量程	最小分度值	误差限	误差分布	包含因子 k
钢板尺	150 mm 500 mm 1000 mm	1 mm 1 mm 1 mm	±0.10 mm ±0.15 mm ±0.20 mm	正态	3
钢卷尺	1 m 2 m	1 mm 1 mm	±0.8 mm ±1.2 mm	—	$\sqrt{3}$
游标卡尺	125 mm 300 mm	0.02 mm 0.05 mm	±0.02 mm ±0.05 mm	均匀	$\sqrt{3}$
千分尺	0～25 mm	0.01 mm	±0.004 mm	正态	3
物理天平	500 g	0.05 g	0.08 g(近满量程) 0.06 g(近 1/2 量程) 0.04 g(近 1/3 量程)	正态	3
普通温度计	0～100℃	1℃	±1℃	—	$\sqrt{3}$
指针式电表			$A \cdot K\%$	均匀	$\sqrt{3}$
直流电阻箱			$(a \cdot R + b \cdot m)\%$	均匀	$\sqrt{3}$
秒表		0.1 s	0.1 s	正态	3

注：A—电表量程；K—电表准确度等级；a—电阻箱准确度等级；R—电阻箱示值；b—与等级有关的系数(电阻箱结构常数)，见电阻箱介绍；m—电阻箱示值中除"0"外所用的旋钮个数。

8. 相对合成不确定度

u_{crel} 表示合成不确定度的相对大小，$u_{\text{crel}}(\bar{y}) = u_c(\bar{y})/\bar{y}$。

1.2.2　测量不确定度评定与表示

在将可修正的系统误差修正后，测量不确定度按照获取方法分别采用 A 类和 B 类不确定度评定。

1. 单次测量的不确定度

作为单次测量，不存在采用统计方法得到的不确定度 A 类分量，因此，单次测量的合成标准不确定度就等于不确定度的 B 类分量 u_B。

例如，用米尺单次测量长度 $L = 25.5$ mm，则

$$u_B = \frac{\Delta_{仪}}{\sqrt{3}} = \frac{0.5}{\sqrt{3}} = 0.3(\text{mm})$$

测量结果为

$$\begin{cases} L = (25.5 \pm 0.3)\text{mm} \\ u_{\text{crel}} = 1.2\% \end{cases}$$

2. 多次等精度直接测量的不确定度

首先用贝塞尔公式计算标准不确定度 A 类分量 u_A，再计算仪器误差限对应的标准不

确定度 B 类分量 u_B，由 u_A 和 u_B 采用"方和根"方法求得合成标准不确定度 $u_c = \sqrt{u_A^2 + u_B^2}$。

具体步骤如下：

（1）求测量列 x_1，x_2，$\cdots$，x_n 的算术平均值：$\bar{x} = \dfrac{1}{n} \sum\limits_{i=1}^{n} x_i$。

（2）求残差：$v_i = x_i - \bar{x}$，$i = 1, 2, \cdots, n$。

（3）求算术平均值的实验标准偏差 $s(\bar{x})$：$s(\bar{x}) = \sqrt{\dfrac{\sum\limits_{i=1}^{n} v_i^2}{n(n-1)}}$，则 $u_A = s(\bar{x})$。

（4）由仪器误差限 $\Delta_{仪}$ 求标准不确定度 B 类分量 u_B：$u_B = \dfrac{\Delta_{仪}}{k}$。

（5）求合成标准不确定度 u_c：$u_c = \sqrt{u_A^2 + u_B^2}$。

（6）测量结果为

$$\begin{cases} x = \bar{x} \pm u_c（单位） \\ u_{\mathrm{crel}} = \dfrac{u_c}{x} \times 100\% \end{cases}$$

例 1.2.1　用螺旋测微计测钢球直径 5 次，测量值为 3.498 mm，3.499 mm，3.500 mm，3.499 mm，3.498 mm，给出测量结果。

解　（1）$u_A = S(\bar{d}) = 0.00038$ mm，$\bar{d} = 3.4988$ mm。

（2）$u_B = \dfrac{\Delta_{仪}}{\sqrt{3}} = 0.0023$ mm。

（3）$u_c = \sqrt{u_A^2 + u_B^2} = 0.003$ mm。

（4）$u_{\mathrm{crel}} = \dfrac{u_c}{d} \times 100\% = 0.09\%$。

（5）测量结果为

$$\begin{cases} d = (3.499 \pm 0.003) \mathrm{mm} \\ u_{\mathrm{crel}} = 0.09\% \end{cases}$$

3. 间接测量结果的不确定度

间接测量不确定度与 1.1 节所讲的实验标准偏差的传递公式相似，可参阅相关内容。

间接测量量 $y = f(x_1, x_2, \cdots, x_n)$，其中 x_1，x_2，$\cdots$，x_n 为直接测量量，且相互独立，$u_c(x_i)$ 为各直接测量量的合成标准不确定度。

$$x_i = \bar{x}_i \pm u_c(\bar{x}_i), \quad i = 1, 2, \cdots, n$$

则 $\bar{y} = f(\bar{x}_1, \bar{x}_2, \cdots, \bar{x}_n)$ 为间接测量量的最佳估计值。

合成标准不确定度：

$$u_c(\bar{y}) = \sqrt{\sum_{i=1}^{n} \left(\frac{\partial f}{\partial x_i} \right)^2 u_c^2(\bar{x}_i)}$$

相对合成标准不确定度：

$$u_{\mathrm{crel}}(\bar{y}) = \frac{u_c(\bar{y})}{\bar{y}} = \sqrt{\sum_{i=1}^{n} \left(\frac{\partial \ln f}{\partial x_i} \right)^2 \cdot u_c^2(\bar{x}_i)} = \sqrt{\sum_{i=1}^{n} \left(\frac{\partial f}{\partial x_i} \right)^2 \cdot \frac{u_c^2(x_i)}{f^2}}$$

测量结果为

$$\begin{cases} y = \bar{y} \pm u_c(\bar{y})\,(单位) \\ u_{crel} = \dfrac{u_c(\bar{y})}{\bar{y}} \times 100\% \end{cases}$$

从常用函数不确定度传递公式(见表 1.2-3)中可看出,对于和差函数,先计算合成不确定度 u_c,再由公式 $u_{crel} = \dfrac{u_N}{N}$ 计算相对不确定度比较方便;对于乘除、乘方等函数,应先计算相对不确定度 u_{crel},再由公式 $u_c = N \cdot u_{crel}$ 求合成不确定度比较方便。

表 1.2-3 常用函数不确定度传递公式

函数	不确定度	相对不确定度
$N = x \pm y$	$u_c = \sqrt{u_x^2 + u_y^2}$	$u_{crel} = \dfrac{u_c}{n}$
$N = kx \pm my \pm nz$	$u_c = \sqrt{k^2 u_x^2 + m^2 u_y^2 + n^2 u_z^2}$	$u_{crel} = \dfrac{u_c}{N}$
$N = x \cdot y$	$u_c = N \cdot u_{crel}$	$u_{crel} = \sqrt{\left(\dfrac{u_x}{x}\right)^2 + \left(\dfrac{u_y}{y}\right)^2} + \sqrt{u_{crel}^2(x) + u_{crel}^2(y)}$
$N = \dfrac{x}{y}$	$u_c = N \cdot u_{crel}$	$u_{crel} = \sqrt{\left(\dfrac{u_x}{x}\right)^2 + \left(\dfrac{u_y}{y}\right)^2} = \sqrt{u_{crel}^2(x) + u_{crel}^2(y)}$
$N = kx$	$u_c = k u_x$	$u_{crel} = u_{crel}(x)$
$N = \dfrac{x^k \cdot y^m}{z^n}$	$u_c = N \cdot u_{crel}$	$u_{crel} = \sqrt{k^2 \left(\dfrac{u_x}{x}\right)^2 + m^2 \left(\dfrac{u_y}{y}\right)^2 + n^2 \left(\dfrac{u_z}{z}\right)^2}$ $= \sqrt{k^2 u_{crel}^2(x) + m^2 u_{crel}^2(y) + n^2 u_{crel}^2(z)}$
$N = k\sqrt{x}$	$u_c = N \cdot u_{crel}$	$u_{crel} = \dfrac{1}{2} \cdot \dfrac{u_x}{x} = \dfrac{1}{2} \cdot u_{crel}(x)$
$N = k \cdot \sqrt[m]{x}$	$u_c = N \cdot u_{crel}$	$u_{crel} = \dfrac{1}{m} \cdot \dfrac{u_x}{x} = \dfrac{1}{m} \cdot u_{crel}(x)$
$N = \sin x$	$u_c = |\cos x| \cdot u_x$	$u_{crel} = \dfrac{u_c}{N}$
$N = \ln x$	$u_c = \dfrac{u_x}{x}$	$u_{crel} = \dfrac{u_c}{N} = \dfrac{u_{rel}(x)}{\ln x}$

例 1.2.2 加减法 $y = x_1 + x_2$,$x_1 = \bar{x}_1 \pm u_c(\bar{x}_1)$,$x_2 = \bar{x}_2 \pm u_c(\bar{x}_2)$,计算 $u_c(y)$ 及 $u_{crel}(y)$。

解
$$u_c(y) = \sqrt{u_c^2(\bar{x}_1) + u_c^2(\bar{x}_2)}$$

$$u_{crel}(y) = \frac{u_c(y)}{\bar{y}} = \frac{\sqrt{u_c^2(\bar{x}_1) + u_c^2(\bar{x}_2)}}{\bar{x}_1 + \bar{x}_2}$$

例 1.2.3 乘除法 $y = x_1 \cdot x_2$,$x_1 = \bar{x}_1 \pm u_c(\bar{x}_1)$,$x_2 = \bar{x}_2 \pm u_c(\bar{x}_2)$,计算 $u_c(y)$ 及 $u_{crel}(y)$。

解 (1) 先计算 $u_c(y)$,后计算 $u_{crel}(y)$。

$$u_c(y) = \sqrt{\left(\frac{\partial f}{\partial x_1}\right)^2 \cdot u_c^2(x_1) + \left(\frac{\partial f}{\partial x_2}\right)^2 \cdot u_c^2(\bar{x}_2)} = \sqrt{\bar{x}_2^2 \cdot u_c^2(x_1) + \bar{x}_1^2 \cdot u_c^2(\bar{x}_2)}$$

$$u_{crel}(y) = \frac{u_c(\bar{y})}{\bar{y}} = \frac{\sqrt{\bar{x}_2^2 \cdot u_c^2(\bar{x}_1) + \bar{x}_1^2 \cdot u_c^2(\bar{x}_2)}}{\bar{x}_1 \cdot \bar{x}_2}$$

可见，先计算 $u_c(y)$，后计算 $u_{crel}(y)$ 不方便。

（2）先计算 $u_{crel}(y)$，后计算 $u_c(y)$。

$$u_{crel}(y) = \sqrt{\sum_{i=1}^{n} \left(\frac{\partial f}{\partial x_i}\right)^2 \cdot \frac{u_c^2(\overline{x_i})}{f^2}} = \sqrt{\frac{u_c^2(\overline{x_1})}{\overline{x_1}^2} + \frac{u_c^2(\overline{x_2})}{\overline{x_2}^2}} = \sqrt{u_{crel}^2(\overline{x_1}) + u_{crel}^2(\overline{x_2})}$$

$$u_c(y) = \overline{y} \cdot u_{crel}(\overline{y})$$

可见方法（2）计算比较简便。

1.2.3　不确定度分析的意义及不确定度均分原理

不确定度反映测量结果的可靠程度，由不确定度的合成可以看到，影响测量不确定度的因素很多，分析不同因素对测量不确定度的影响及影响的大小，对于前期的实验设计以及事后的实验分析都具有重要意义。在实验前，要根据对测量不确定度的要求设计实验方案，选择仪器和实验环境，使得实验既能满足设计要求又能尽可能地降低实验成本；在实验中和实验后，通过对测量不确定度的大小及其成因分析，可以找到影响实验精确度的原因并加以校正。人类历史上的许多重大发现都来自科学家对实验误差和测量不确定度的研究。如开普勒在研究火星轨道的过程中，发现理论数据与第谷的观测数据有 $8'$ 的误差，这 $8'$ 的误差相当于秒针 0.02 秒间转过的角度。开普勒坚信第谷的实验数据是可信的，通过坚持不懈地努力终于提出了行星三定律，正是这个不容忽略的 $8'$ 误差使开普勒走上了天文学改革的道路。氢的同位素氘和氚的发现，也是科学家通过对氢原子实验值不确定度的研究，认定有未知系统误差的存在，才最终发现了氢的同位素，并发明了质谱仪。

不确定度均分原理的提出是基于在间接测量中，各直接测量量都会对最终的测量结果的不确定度有贡献，若已知各测量量之间的函数关系，可写出不确定度传递公式，并按均分原理将测量结果的合成不确定度均分到各个分量中，由此经济合理地设计实验方案，确定各物理量的测量方法和使用的仪器。对测量结果影响较大的物理量，应采用精度较高的仪器；而对结果影响不大的物理量，则没必要采用精度过高的仪器，以免造成实验成本的提高。

当然，按不确定度均分原理设计实验也可能出现有的物理量的不确定度需求很容易实现，有的物理量的不确定度需求却很难实现的情况，在这种情况下，可根据具体情况调整不确定度分配，对难以实现的物理量的不确定度可适当扩大，较容易实现的物理量的不确定度尽可能缩小，其余的物理量的不确定度不做调整。

例如，$u_c(y) = \sqrt{\sum_{i=1}^{N} \left(\frac{\partial f}{\partial x_i}\right)^2 u^2(x_i)}$，则

$$\left(\frac{\partial f}{\partial x_1}\right)^2 \cdot u^2(x_1) = \left(\frac{\partial f}{\partial x_2}\right)^2 \cdot u^2(x_2) = \cdots = \left(\frac{\partial f}{\partial x_N}\right)^2 \cdot u^2(x_N) = \frac{1}{N}u_c^2(y)$$

即为不确定度均分原理，可由 $u(x_i) \geqslant \Delta_{仪}$ 选择满足相应物理量不确定度的测量仪器。

1.2.4　不确定度计算实例

以下用不确定度分析的方法计算 1.1 节的例 1.1.2 和例 1.1.4，并给出了一个包含扩展不确定度及自由度计算的不确定度评定实例，以及运用不确定度均分原理选择测量仪器

的例子。

例 1.2.4 用误差限 $\Delta_{仪}=0.1$ mm 的钢板尺测量某物体的长度，共测量 9 次，各次测量值分别为 23.2 mm，23.4 mm，23.6 mm，23.0 mm，23.7 mm，23.2 mm，23.6 mm，23.0 mm，23.7 mm，给出测量结果。

解 （1）A 类标准不确定度 u_A（中间计算过程表参见 1.1 节例 1.1.2）。

① 算术平均值：$\bar{L} = \dfrac{1}{9} \sum\limits_{i=1}^{9} L_i = 23.4 (\text{mm})$。

② 测量列标准偏差：$S = \sqrt{\dfrac{1}{n-1} \sum\limits_{i=1}^{n} (L_i - \bar{L})^2} = \sqrt{\dfrac{0.66}{9-1}} = 0.29 (\text{mm})$。

③ 算术平均值的标准偏差：$S_{\bar{L}} = \dfrac{1}{\sqrt{n}} S = \dfrac{0.29}{\sqrt{9}} = 0.097 (\text{mm})$。

④ A 类标准不确定度：$u_A = S_{\bar{L}} = 0.097 (\text{mm})$。

（2）B 类标准不确定度 u_B。钢板尺误差分布为正态分布，有

$$u_B = \frac{\Delta_{仪}}{3} = \frac{0.1}{3} \text{ mm} = 0.034 (\text{mm})$$

（3）合成标准不确定度 u_c：$u_c = \sqrt{u_A^2 + u_B^2} = 0.11 (\text{mm})$。

（4）相对合成标准不确定度：$u_{crel} = \dfrac{u_c}{\bar{L}} \times 100\% = 0.47\%$。

（5）测量结果为

$$\begin{cases} L = (23.40 \pm 0.11) \text{mm} \\ u_{crel} = 0.47\% \end{cases}$$

例 1.2.5 用千分尺测一圆柱体的直径，50 分度游标卡尺测高，物理天平测质量，直径、高和质量表达式用标准差表示，以便和 1.1 节例 1.1.4 比较。结果如下：

$$d = (0.5645 \pm 0.0003)\text{cm}, \quad H = (6.715 \pm 0.005)\text{cm}, \quad m = (14.06 \pm 0.01)\text{g}$$

求其密度。

解 （1）圆柱体密度。

由题知：

$$\bar{d} = 0.5645 \text{ cm}, \quad \sigma_{\bar{d}} = 0.0003 \text{ cm}$$

$$\bar{H} = 6.715 \text{ cm}, \quad \sigma_{\bar{H}} = 0.005 \text{ cm}$$

$$\bar{m} = 14.06 \text{ g}, \quad \sigma_{\bar{m}} = 0.01 \text{ g}$$

圆柱体的密度公式为

$$\rho = \frac{4m}{\pi d^2 H} = f(m, d, H)$$

则

$$\bar{\rho} = \frac{4\bar{m}}{\pi \bar{d}^2 \bar{H}} = 8.366 \text{ g/cm}^3$$

（2）圆柱体直径 d 的不确定度。

A 类标准不确定度：$u_A = \sigma_{\bar{d}} = 0.0003$ cm

B 类标准不确定度 u_B：千分尺误差分布为正态分布，有

$$u_B = \frac{\Delta_{仪}}{3} = \frac{0.004}{3} \text{ mm} = 0.0014 \text{ mm} = 0.00014 \text{ cm}$$

合成标准不确定度：$u_c(\bar{d}) = \sqrt{u_A^2 + u_B^2} = 0.000\ 34$ cm。

（3）圆柱体高 H 的不确定度。

A 类标准不确定度：$u_A = \sigma_H = 0.005$ cm。

B 类标准不确定度 u_B：游标卡尺误差分布为均匀分布，有

$$u_B = \frac{\Delta_仪}{\sqrt{3}} = \frac{0.02}{\sqrt{3}}\ \text{mm} = 0.012\ \text{mm} = 0.0012\ \text{cm}$$

合成标准不确定度：

$$u_c(\bar{H}) = \sqrt{u_A^2 + u_B^2} = 0.052\ \text{mm} = 0.0052\ \text{cm}$$

（4）圆柱体质量 m 的不确定度。

A 类标准不确定度：$u_A = \sigma_{\bar{m}} = 0.01$ g。

B 类标准不确定度 u_B：物理天平误差分布为正态分布，有

$$u_B = \frac{\Delta_仪}{3} = \frac{0.04}{3}\ \text{g} = 0.014\ \text{g}$$

合成标准不确定度：$u_c(\bar{m}) = \sqrt{u_A^2 + u_B^2} = 0.018$ g。

（5）圆柱体密度的不确定度。

密度函数是乘除函数，先计算相对不确定度 $u_{crel}(\bar{\rho})$ 后计算合成不确定度 $u_c(\bar{\rho}) = \bar{\rho} \cdot u_{crel}$ 较方便。

相对合成标准不确定度：

$$u_{crel}(\bar{\rho}) = \frac{u_c(\bar{\rho})}{\bar{\rho}} = \sqrt{\left(\frac{2u_c(\bar{d})}{\bar{d}}\right)^2 + \left(\frac{u_c(\bar{h})}{\bar{h}}\right)^2 + \left(\frac{u_c(\bar{m})}{\bar{m}}\right)^2} = 0.19\%$$

合成标准不确定度 $u_c(\bar{\rho}) = \bar{\rho} \cdot u_{crel}(\bar{\rho}) = 8.366 \times 0.19\% = 0.016$ g/cm^3。

（6）圆柱体密度的表达式。

$$\begin{cases} \rho = (8.366 \pm 0.016)\text{g/cm}^3 = (8.366 \pm 0.016) \times 10^3\ \text{kg/m}^3 \\ u_{crel}(\rho) = 0.19\% \end{cases}$$

例 1.2.6　用最大允差 ± 0.05 mm 的游标卡尺测量一圆柱体的体积，直径和高的测量数据见表 1.2-4，体积公式为 $V = \frac{\pi}{4}d^2h$，用标准不确定度和扩展不确定度评定测量结果。

表 1.2-4　圆柱体直径和高的测量数据

测量次数	d_i/mm	h_i/mm
1	10.05	5.00
2	10.00	5.05
3	10.00	5.00
4	9.95	5.00
5	10.05	5.05
6	9.95	5.05

解　（1）算术平均值：$\bar{d} = 10.00$ mm，$\bar{h} = 5.025$ mm，$\bar{V} = 0.25\pi\bar{d}^2 \cdot \bar{h} = 394.6626$ mm^3。

（2）直径 d 的不确定度。

A 类标准不确定度：$u_A(\overline{d})=0.01826$ mm；

$u_A(\overline{d})$ 的自由度：$\gamma=n-1=5$。

B 类标准不确定度：$u_B=\dfrac{\Delta_{仪}}{\sqrt{3}}=\dfrac{0.05}{\sqrt{3}}$ mm$=0.028\,87$ mm；

$u_B(\overline{d})$ 的自由度：无穷大（仪器给定的误差限，自由度认为是无穷大）。

合成标准不确定度：$u_c(\overline{d})=\sqrt{u_A^2+u_B^2}=0.034\,16$ mm；

$u_c(\overline{d})$ 的自由度：

$$\gamma_{eff}=\frac{u_c^4(\overline{d})}{\dfrac{u_A^4(\overline{d})}{5}+\dfrac{u_B^4(\overline{d})}{\infty}}=61$$

（3）高 h 的不确定度。

A 类标准不确定度：$u_A(\overline{h})=0.011\,18$ mm；

$u_A(\overline{h})$ 的自由度：$\gamma=n-1=5$。

B 类标准不确定度 u_B：$u_B=\dfrac{\Delta_{仪}}{\sqrt{3}}=\dfrac{0.05}{\sqrt{3}}$ mm$=0.028\,87$ mm；

$u_B(\overline{h})$ 的自由度：无穷大。

合成标准不确定度：$u_c(\overline{h})=\sqrt{u_A^2+u_B^2}=0.030\,96$ mm；

$u_c(\overline{h})$ 的自由度：

$$\gamma_{eff}=\frac{u_c^4(\overline{d})}{\dfrac{u_A^4(\overline{d})}{5}+\dfrac{u_B^4(\overline{d})}{\infty}}=294$$

（4）体积 V 的不确定度。

先计算相对合成标准不确定度：$u_{crel}(\overline{V})=\sqrt{\left(2\times\dfrac{u_c(\overline{d})}{\overline{d}}\right)^2+\left(\dfrac{u_c(\overline{h})}{\overline{h}}\right)^2}=0.92\%$；再计算合成标准不确定度：$u_c(\overline{V})=\overline{V}\times u_{crel}(\overline{V})=3.7$ mm^3；

$u_c(\overline{V})$ 的自由度：

$$\gamma_{eff}=\frac{(u_c(\overline{V})/\overline{V})^4}{\dfrac{(2\times u_c(\overline{d})/\overline{d})^4}{61}+\dfrac{(u_c(\overline{h})/\overline{h})^4}{294}}=190$$

γ_{eff} 较大，可认为是正态分布，所以 $k_{68.3}=1$，$k_{95.4}=2$，$k_{99.7}=3$。

标准不确定度为：$u_c(\overline{V})=3.7$ mm^3。

取置信概率 $p=95.4\%$，扩展不确定度 $U_{95.4}=k_{95.4}\cdot u_c(\overline{V})=2\times3.7$ mm$^3=7.4$ mm^3；

取置信概率 $p=99.7\%$，扩展不确定度 $U_{99.7}=k_{99.7}\cdot u_c(\overline{V})=3\times3.7$ mm$^3=12$ mm^3。

（5）结果表达式。

体积表示为　　　　　　$V=(394.7\pm3.7)$mm^3，$p=68.3\%$

或　　　　　　　　　　$V=(394.7\pm7.4)$mm^3，$p=95.4\%$

或　　　　　　　　　　$V=(395\pm12)$mm^3，$p=99.7\%$

结果表达式中，测量不确定度取两位有效位数，测量结果的末位与测量不确定度的末位对齐。

例 1.2.7 圆柱体直径约为 8 mm，高约为 32 mm，要求 $\dfrac{u(V)}{V} \leqslant 1\%$，应怎样选择仪器？

解

$$V = \frac{\pi}{4} d^2 h$$

$$\left(\frac{u(V)}{V} \right)^2 = \left(2 \cdot \frac{u(d)}{d} \right)^2 + \left(\frac{u(h)}{h} \right)^2 = 0.0001$$

令

$$\left(2 \cdot \frac{u(d)}{d} \right)^2 = \left(\frac{u(h)}{h} \right)^2 = \frac{1}{2} \times 0.0001$$

则 $\Delta_{\text{仪}1} \leqslant u(d) = \dfrac{1}{2} d \cdot \sqrt{\dfrac{1}{2} \times 0.0001} = 0.029$ mm，测量圆柱体的直径，选择 50 分度游标卡尺即可。$\Delta_{\text{仪}2} \leqslant u(h) = h \cdot \sqrt{\dfrac{1}{2} \times 0.0001} = 0.23$ mm，测量圆柱体的高，选择 150 mm 或者 500 mm 钢板尺即可。为方便实验，只选一种仪器即可，即选择 50 分度游标卡尺测圆柱体的直径和高。

1.3　实验数据修约

测量应给出测量结果，测量结果应能反映出测量的精度。除直接从仪器仪表上读出的数据外，一般的间接测量量都需要经过多次运算获得，使用计算器或计算机运算可轻易获得 8~16 位的计算结果，计算结果应该保留几位数字呢？这就涉及数据修约和有效位数的问题。并不是保留的数据位数越多越好，保留的数据位数过少，降低了测量精度，保留的数据位数过多，也会造成虚假的测量精度。

1.3.1　有效位数的概念

关于测量结果的数据位数，一般教材中常用的概念是有效数字，而国家标准中没有有效数字的概念和定义，不同教材中的有效数字的定义不一致甚至相互矛盾，比较常见的定义有以下几种：

（1）几个可靠数字加上一个可疑数字统称为测量值的有效数字。

（2）几个可靠数字加上 1~2 位安全数字统称为测量值的有效数字。

（3）如果计算结果的极限误差不大于某一位上的半个单位，则该位为有效数字末位，该位到左起第一位非零数字之间的数字个数即是有效数字的个数。

另外还有其他几种有效数字的定义，有效数字定义的不一致容易引起测量结果表示中的混乱和教学中的矛盾，如用同一精度为 0.01 mm 的千分尺测量同一物体的长度得到的同一组数据，由于有效数字定义的不一致，三种教材中可能出现以下三种结果：$L_1 = 10.02$ mm，$L_2 = 10.020$ mm，$L_3 = 10.0200$ mm，每种教材都认为自己的表示是正确的，因而无法比较测量结果。

为避免这一问题，本书采用国家标准中关于数据"有效位数"的定义，并采用《GUM》和《JJF1059—2012》的规则修约测量不确定度和测量结果。

有效位数定义：对没有小数且以若干个零结尾的数字，从非零数字最左一位向右得到的位数减去无效零（即仅为定位用的零）的个数，就是有效位数；对于其他十进位数，从非零数字最左一位向右数得到的位数，就是有效位数。

在判断有效位数时，应注意以下几点：

（1）测量数字前面的"0"不是有效位数。例如，物体的长度 $L=3.24$ cm，可以写成 0.0324 m，数字前面的"0"只表示小数点的位置，不是有效位数，所以 3.24 cm 和 0.0324 m 均为 3 位有效位数，即有效位数与十进制单位的变换无关。

（2）测量数字中间的"0"是有效位数。例如，用米尺测得一物体的长度 $L=1.0201$ m，是 5 位有效位数。

（3）末尾的"0"要区分以下三种情况：

① 测量数字有小数位，末尾的"0"是有效位数；例如，用米尺测得一物体的长度 $L=$ 1.0230 m，是 5 位有效位数，末尾的"0"表示物体的末端与米尺上的刻线"3 mm"正好对齐，后面毫米以下的估读数为"0"，这个"0"不能随意丢掉。又如，图 1.3-1 所示的电压表的读数是 20.0 mV，而不是 20 mV。

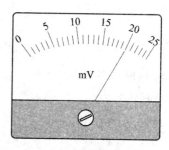

图 1.3-1 电压表测电压（$U=20.0$ mV）

② 测量数字没有小数位，末尾的"0"是无效零（即仅为定位用的零），末尾的"0"不是有效位数；如地球与月球的平均距离是 38×10^4 km，其末尾的 4 个"0"仅用于定位，是无效零，其有效位数为 2 位；地球与月球的准确距离是 384 401 km，有效位数 6 位。

③ 测量数字没有小数位，末尾的"0"是有效零（即不是定位用的零），末尾的"0"是有效位数；如用千分尺测得一物体的长度 $L=1.020$ mm，用微米单位表示为 $L=1020$ μm，末尾的"0"是有效零，有效位数 4 位。

（4）表示很大或很小的数，应采用科学计数法。例如，将 3.24 cm 写成以微米为单位时，绝对不能写成 32 400 μm，因为 32 400 μm 变成 5 位有效位数了。此时宜采用科学计数法，写成 3.24×10^4 μm。又如，0.0000123 应写成 1.23×10^{-5}。一般规定小数点在第一位非零数字的后面。

1.3.2 测量不确定度的有效位数和修约规则

按照《GUM》和《JJF1059—2012》的规定，合成标准不确定度 u_c 和扩展不确定度 U 的数值都不应该给出过多的位数，通常最多为 2 位有效位数，虽然在连续计算过程中为避免修约误差而必须保留多余的位数，但相对不确定度的有效位数最多也为 2 位。

由于测量不确定度本身也有不确定度，仅保留一位有效位数往往会导致很大的修约误差，尤其是有效位数的第 1 位数字较小时。如不确定度的部分数据为 0.001001，若只保留 1 位有效位数，当采用"只进不舍"的修约规则时，不确定度为 0.002，不确定度本身的相对不确定度为 999/1001，对结果的影响太大，因而有的国家建议：当测量不确定度的第 1 位数字是 1 或 2 时，保留 2 位；而第 1 位数字是 3 以上时，可只保留 1 位。这一建议未被《GUM》采纳，《JJF1059—2012》也未采用。

本书物理实验中规定测量不确定度的修约规则是"只进不舍",如 $0.001001 = 0.0011$;测量不确定度的有效位数取 $1 \sim 2$ 位。无论第 1 位数字的大小,保留 2 位总是允许的。误差和相对误差也采用同样的规则。

1.3.3　测量结果的有效位数和修约规则

《JJF1059—2012》规定,当采用同一单位表示测量结果和测量不确定度时,测量结果应和测量不确定度的末位对齐,即"末位对齐"原则。如千分尺测长度:$L = (1.020 \pm 0.012)\text{mm}$。

当出现测量结果的实际计算位数不够而无法和测量不确定度对齐时,一般的操作方法是将测量结果补零对齐,如千分尺测长度 $L = 1.020$ mm,$u_c = 0.0012$ mm,则 $L = (1.0200 \pm 0.0012)\text{mm}$。

当出现测量结果的实际计算位数较多时,采用以下数据修约规则修约测量结果:

(1) 拟舍弃数字的最左一位数字小于 5,舍去;如 $X = 6.42 = 6.4$。

(2) 拟舍弃数字的最左一位数字大于 5,进 1;如 $X = 6.46 = 6.5$。

(3) 拟舍弃数字的最左一位数字等于 5,且其后有非零数字,进 1;如 $X = 6.4501 = 6.5$。

(4) 拟舍弃数字的最左一位数字等于 5,且其后数字全为零,则看 5 前面的数字:为奇数,进 1;为偶数或零,舍去;如 $X = 6.6500 = 6.6$;$X = 6.5500 = 6.6$。

以上规则简称"四舍六入五凑偶"。

若测量结果是直接从仪器仪表读出的原始数据,所使用的仪器仪表不同,则读法也不同:

(1) 机械式仪表(游标卡尺除外)。机械式仪表应估读到仪器最小分度的 $1/10$ 或 $1/5$,即可靠数字加上一位可疑数字。

仪器的精确度就是仪器的最小分度,也就是仪器可以准确测出的最小物理量。如米尺的最小分度是 1 mm,"1 mm"是米尺可以准确测出的最小长度,所以米尺的精确读数是 1 mm。又如图 $1.3-2$ 电流表的最小分度是 1 mA,"1 mA"是该电流表可以读出的最小电流,所以该电流表的精确度是 1 mA,测量时,一般应估读出最小分度的 $1/10$ 或 $1/5$。如图 $1.3-2$ 所示,电流表的读数是 18.0 mA。

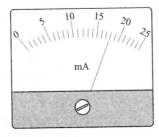

图 $1.3-2$　电流表测电流($I = 18.0$ mA)

(2) 数字式仪表。若仪表的全部读数稳定,则测量结果为全部稳定读数;若仪表有跳变读数,则测量结果为全部稳定读数加上第一位跳变读数。

1.3.4 实验数据有效位数的运算规则

实验数据的处理与运算是实验的一个中间环节，在计算工具落后的年代，为节省计算时间，传统教材中都以误差理论为依据制定了有效数字的运算规则，在计算机和计算器普及的今天这一规则已无必要，以下仅作简单介绍。本书实验中对参与运算的数据和中间运算结果都可不必修约，可多保留几位，但要保证原始数据记录、最终测量结果以及测量不确定度的有效位数的正确，而且常数的有效位数可以认为是无限的。

传统有效数字的运算规则：

（1）加减法：几个数加减运算后，运算结果的最后一位数，只保留到各数都有的那一位。例如：$N = 1.11 + 1.1 = 2.2$。

（2）乘除法：几个数乘除运算后，运算结果的有效数字一般与各数中有效数字最少的相同。例如：$N = 2.11 \times 3.2 = 6.8$。

（3）在乘方、开方运算中，一般变量有几位有效数字，结果也取几位有效数字。例如：$5.1^2 = 26$，$\sqrt{25} = 5.0$。

（4）三角函数的有效数字一般取 5 位。例如：$\sin 20°6' = 0.343\,66$。

（5）常数的有效数字位数可以认为是无限的。例如，钢球的体积 $V = \dfrac{4}{3}\pi R^3$ 中，$\dfrac{4}{3}$ 和 π 均为常数，在计算时可根据需要多取。

（6）中间计算过程多保留一位，运算到最后再舍入。

1.4 实验数据处理方法

实验中测得的大量数据，需要进一步进行整理、分析和计算，才能得到实验的结果和寻找到实验的规律，这个过程称为实验数据处理。数据处理的方法很多，这里仅介绍常用的几种。

1.4.1 列表法

列表法就是将实验中直接测量、间接测量和计算过程中得到的数据，列成一适当的表格。表格中应有物理量及单位，并留出计算平均值、残差和测量不确定度等的位置，列表法的优点是简单明了，便于后期的计算处理。列表法是其他实验数据处理方法的基础。

例如，用单摆测重力加速度时，单摆振动 100 个周期的时间是 $100T$，振动一个周期的时间 T_i 和各次测量的残差 v_i，可列表如下（见表 1.4-1）。

表 1.4-1 单摆测重力加速度数据表

实验次数	1	2	3	4	5	平均值
$100T_i/s$	194.6	194.3	194.8	194.3	194.5	194.5
T_i/s	1.946	1.943	1.948	1.943	1.945	1.945
v_i/s	0.001	-0.002	0.003	-0.002	0.000	—

1.4.2 作图法

作图法有图示法和图解法两种。

图示法就是将实验测得的两组相互关联的物理量数据，在坐标纸上绘成折线、直线或曲线，以便直观和形象地表示出两个物理量之间的关系。

图解法就是利用图示法描绘出的两个物理量间的关系曲线，求出其他物理量。如由图解法求解普朗克常数、杨氏模量和刚体的转动惯量等。

1. 图示法

下面以电阻的伏安特性曲线为例，说明图示法的具体步骤。

（1）列表记录数据（见表 1.4-2）。

表 1.4-2　电阻的伏安特性实验数据

实验次数	1	2	3	4	5	6	7	8	9	10
I/A	0.080	0.100	0.120	0.140	0.160	0.180	0.200	0.220	0.240	0.260
U/V	0.80	1.00	1.21	1.43	1.65	1.88	2.05	2.25	2.45	2.68

（2）选用大小合适的坐标纸。坐标纸根据需要可选用直角坐标纸、对数坐标纸、半对数坐标纸和极坐标纸等，坐标纸的大小应根据实验数据的大小和有效位数来确定。在物理实验中一般选用的是直角坐标纸，规格是 25 cm×17 cm。

（3）画坐标轴。以横坐标代表自变量——电流 I，并标明单位 A（安培），以纵坐标表示因变量——电压 $U(V)$。在坐标轴上标明标度值，标度值一般不必有有效位数表示。如电压 U 只要标明 1、2、3，而不必写成 1.00、2.00、3.00。标度值的估读数应与测量值的估读数相对应。标度值不要取得使作出的图线偏向横轴或纵轴，致使图纸上出现大片空白。标度值不一定从"0"开始。

（4）标出实验点。在坐标纸上用符号"⊙"标出每组电流和电压的位置，并使小圆圈中的点正好落在数据的坐标上。如果同一张坐标纸上要画几条曲线，则每条曲线上的实验点要用不同的符号"×"、"⊙"、"＋"等标出，以便区别。注意不要用小"·"表示，以免画曲线时把"·"掩盖掉。

（5）描绘曲线。用铅笔和透明直尺（或曲板尺）将实验点用直线（或曲线）描绘出来。直线不一定通过所有的实验点，但应尽量使实验点均匀地分布在直线两侧。

（6）标明图线名称。在横坐标下面写上图线名称：电阻的伏安特性曲线。这样做出的图线如图 1.4-1 所示。

2. 图解法

下面以电阻的伏安特性曲线为例，来说明图解法求电阻的具体步骤。

由伏安特性曲线可知，U-I 关系曲线是一条直线，验证了欧姆定理（$U=IR$）。用图解法求出直线的斜率即是电阻值。

（1）选点。在直线上任取两点，用符号△将这两点标出，并标出它们的坐标。这两点应尽量相距远一点，但不能超出实验值的范围，并且不要选取实验点（见图 1.4-1）。

（2）求斜率 K。

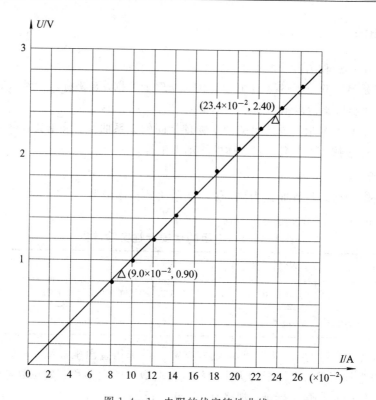

图 1.4 - 1   电阻的伏安特性曲线

$$R = K = \frac{\Delta U}{\Delta I} = \frac{2.40 - 0.90}{(23.4 - 9.0) \times 10^{-2}} = 10.4 \ \Omega$$

1.4.3 逐差法

当自变量是等间距变化，且两物理量之间是线性关系时，可以用逐差法处理数据。

例如，在用光杠杆法测定金属的杨氏模量实验中（参见第四章实验 1），每次增重一个砝码 1 kg，连续增重 5 次，则可读得 6 个标尺读数：$r_0, r_1, r_2, \cdots, r_5$，每增重一个砝码引起钢丝的长度变化的算术平均值为

$$\bar{l} = \frac{(r_1 - r_0) + (r_2 - r_1) + \cdots + (r_5 - r_4)}{5} = \frac{r_5 - r_0}{5}$$

可见中间值全部抵消，只有始末两次测量值起作用，与增重 5 kg 的一次测量等价。为了发挥多次测量的优越性，减少各次测量值的随机误差，通常测偶数个数据，并把数据分为前后两组，一组是 r_0、r_1、r_2，另一组是 r_3、r_4、r_5，取相应每增重 3 kg 砝码钢丝的长度变化的平均值：

$$\bar{l} = \frac{(r_3 - r_0) + (r_4 - r_1) + (r_5 - r_2)}{3}$$

可见，逐差法处理数据充分利用了测量数据，发挥了多次测量的优越性。

1.4.4 最小二乘法

图解法能十分方便地求得某些物理量（例如电阻、电阻温度系数等），而且各实验点偏

离直线的情况一目了然。但是，根据实验点拟合出的直线受人为因素影响较大，有较大的主观性，不是最佳直线，从而得出的斜率不是最佳值，不同的人将得到不同的结果。而用解析的方法，通过数据拟合可以得到唯一一条最佳曲线，这种解析方法称为最小二乘法，又称线性回归法。最小二乘法是一种直线拟合法，在科学实验中的应用非常广泛。

若两物理量 x, y 之间满足线性关系，即

$$y = kx + b$$

则由实验测得的一组数据为 $(x_i, y_i; i = 1, 2, \cdots, n)$，如何由这一组实验数据 (x_i, y_i) 拟合出一条最佳直线，也就是说，如何由这一组实验数据 (x_i, y_i) 来确定直线的斜率 k 和直线在 Y 轴上的截距 b？这就是最小二乘法要解决的问题。

最小二乘法的原理是：若最佳拟合直线为

$$y = kx + b$$

则由实验测得的各 y_i 值与拟合直线上相应的各估计值 $Y_i = kx_i + b$ 之间偏差的平方和最小，即

$$s = \sum_{i=1}^{n} (y_i - Y_i)^2 = 最小值$$

把 $Y_i = kx_i + b$ 代入上式，得

$$s = \sum_{i=1}^{n} (y_i - kx_i - b)^2 = 最小值$$

故所求的 k 和 b 应是下列方程的解：

$$\begin{cases} \dfrac{\partial s}{\partial k} = -2 \sum_{i=1}^{n} (y_i - kx_i - b) \cdot x_i = 0 \\ \dfrac{\partial s}{\partial b} = -2 \sum_{i=1}^{n} (y_i - kx_i - b) = 0 \end{cases}$$

将上面两式展开，得

$$\sum_{i=1}^{n} x_i y_i - k \sum_{i=1}^{n} x_i^2 - b \sum_{i=1}^{n} x_i = 0 \tag{1.4-1}$$

$$\sum_{i=1}^{n} y_i - k \sum_{i=1}^{n} x_i - nb = 0 \tag{1.4-2}$$

式 $(1.4-1) \times n -$ 式 $(1.4-2) \times \sum_{i=1}^{n} x_i$ 得：

$$k = \frac{n \sum\limits_{i=1}^{n} x_i y_i - \sum\limits_{i=1}^{n} x_i \cdot \sum\limits_{i=1}^{n} y_i}{n \sum\limits_{i=1}^{n} x_i^2 - \left(\sum\limits_{i=1}^{n} x_i \right)^2} \tag{1.4-3}$$

由式 $(1.4-2)$ 得

$$b = \frac{1}{n} \sum_{i=1}^{n} y_i - \frac{k}{n} \sum_{i=1}^{n} x_i = \bar{y} - k\bar{x} \tag{1.4-4}$$

只要两个物理量 x, y 之间满足线性关系，由一组实验数据 (x_i, y_i)，根据式 $(1.4-3)$、式 $(1.4-4)$ 就可以计算出 k 和 b。这样，我们要拟合的最佳直线方程：

$$y = kx + b$$

就被唯一确定了。

对一些不是直线关系的曲线，难以用图解法或最小二乘法求解实验参数，但有时可以通过坐标变换，即

$$\begin{cases} X = f(x) \\ Y = f(y) \end{cases}$$

把曲线转换成 $Y = F(X)$ 的直线关系，就容易处理了。

（1）幂函数 $y = ax^b$。方程两边取对数，$\ln y = \ln a + b \ln x$，令

$$\begin{cases} X = \ln x \\ Y = \ln y \end{cases}$$

则 $Y = \ln a + bX$ 是线性关系。

在直角坐标纸上作 $\ln y - \ln x$ 图，斜率为 b，截距为 $\ln a$，从而求出常数 a 和 b。或采用最小二乘法求解常数 a 和 b。

（2）指数函数 $y = ae^{bx}$。方程两边取对数，$\ln y = \ln a + bx$，令

$$\begin{cases} X = x \\ Y = \ln y \end{cases}$$

则 $Y = \ln a + bX$ 是线性关系。

（3）双曲线 $y = \dfrac{a}{x}$。令

$$\begin{cases} X = \dfrac{1}{x} \\ Y = y \end{cases}$$

则 $Y = aX$ 是线性关系。

（4）二次函数：$y = ax^2 + bx$。方程变形为 $\dfrac{y}{x} = ax + b$，令

$$\begin{cases} X = x \\ Y = \dfrac{y}{x} \end{cases}$$

则 $Y = aX + b$ 是线性关系。

下面举一实例，分别用图解法和最小二乘法来处理数据，从中体会这两种数据处理方法的优缺点。

例 1.4.1 在测定铜丝的电阻温度系数实验中，测得温度 t 和电阻 R 的数据如表 1.4 - 3 所示。

表 1.4 - 3 温度 t 和电阻 R 的数据

实验次数	1	2	3	4	5	6	7	8
温度 t/℃	14.3	25.0	33.3	44.9	52.8	64.0	73.8	84.8
电阻 R/Ω	14.31	14.89	15.33	15.89	16.35	16.90	17.39	17.96

试分别用图解法和最小二乘法求电阻的温度系数。

解 （1）图解法。图 1.4 - 2 是根据实验数据做出的 $R - t$ 曲线。

电阻 R 和温度 t 的关系为

$$R = R_0 + R_0 \alpha t$$

式中，R_0 为 0℃时的电阻值，α 是电阻的温度系数。

从图 1.4-2 中可直接读出截距：

$$b = R_0 = 13.61 \ \Omega$$

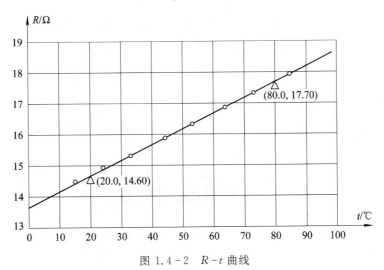

图 1.4-2　R-t 曲线

直线的斜率为

$$k = R_0\alpha = \frac{R_2 - R_1}{t_2 - t_1} = \frac{17.70 - 14.60}{80.0 - 20.0} = 0.0517(\Omega/℃)$$

$$\alpha = \frac{k}{R_0} = \frac{0.517}{13.61} = 3.80 \times 10^{-3}(℃)$$

所以，电阻 R 和温度 t 之间的关系为

$$R = 13.61 \times (1 + 3.80 \times 10^{-3} t)(\Omega)$$

（2）最小二乘法。为计算方便，列表如下（见表 1.4-4）：

表 1.4-4　最小二乘法数据处理表

实验次数	温度 $t/℃$	电阻 R/Ω	t_iR_i	t_i^2
1	14.3	14.31	204.6	204.5
2	25.0	14.89	372.2	625.0
3	33.3	15.33	510.5	1109
4	44.9	15.89	713.5	2016
5	52.8	16.35	863.3	2788
6	64.0	17.90	1082	4096
7	73.8	17.39	1283	5446
8	84.8	17.96	1523	7191
$n = 8$	$\sum\limits_{i=1}^{n} t_i = 392.9$	$\sum\limits_{i=1}^{n} R_i = 129.02$	$\sum\limits_{i=1}^{n}(t_iR_i) = 6552$	$\sum\limits_{i=1}^{n} t_i^2 = 23476$

$$\bar{t} = \frac{1}{n} \sum_{i=1}^{n} t_i = 49.1℃$$

$$\bar{R} = \frac{1}{n} \sum_{i=1}^{n} R_i = 16.13 \ \Omega$$

$$k = R_0\alpha = \frac{n\sum\limits_{i=1}^{n}(t_iR_i) - \sum\limits_{i=1}^{n}t_i\sum R_i}{n\sum\limits_{i=1}^{n}t_i^2 - (\sum\limits_{i=1}^{n}t_i)^2} = 0.0516 \ \Omega/℃$$

$$b = R_0 = \bar{R} - k\bar{t} = 13.60 \ \Omega$$

$$\alpha = \frac{k}{R_0} = 3.79 \times 10^{-3}/℃$$

所以，电阻 R 和温度 t 之间的关系为

$$R = 13.60 \times (1 + 3.79 \times 10^{-3}t)\Omega$$

1.5　随机变量的统计分布

　　随机误差和测量不确定度是不可预见的，但测量次数足够多时，随机误差和测量不确定度都服从一定的统计规律，本节介绍几种常见的随机变量统计分布。

1.5.1　正态分布

　　如果随机变量 x 服从正态分布，则其概率密度函数为 $f(x) = \dfrac{1}{\sigma\sqrt{2\pi}}e^{-\frac{(x-\mu)^2}{2\sigma^2}}$，其中 σ 和 μ 为常数，$\sigma > 0$ 为标准差，μ 为均值，通常记作 $x \sim N(\mu, \sigma)$。$\mu = 0$，$\sigma = 1$ 的正态分布称为标准正态分布，记为 $x \sim N(0, 1)$。

　　实验中，测量值的正态分布如图 1.5 - 1 所示，误差 $\delta = x - \mu$ 的正态分布如图 1.5 - 2 所示。

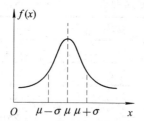
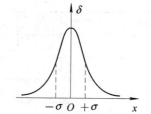

图 1.5 - 1　测量值正态分布曲线　　　　　图 1.5 - 2　误差正态分布曲线

　　在物理实验中，测量量 x 的平均值 $\bar{x}$ 在测量次数 N 足够大时总是服从正态分布，并且其标准差会大大减小。

1.5.2　t 分布(学生分布)

　　被测量 $x_i \sim N(\mu, \sigma)$，其 N 次测量的算术平均值 $\bar{x} \sim N\left(\mu, \dfrac{\sigma}{\sqrt{N}}\right)$，当 N 充分大时，则

$$\frac{\bar{x} - \mu}{\sigma/\sqrt{N}} \sim N(0, 1)$$

若以有限次测量的标准偏差 S 代替无穷次测量的标准差 σ，则

$$\frac{\bar{x}-\mu}{S/\sqrt{N}} \sim t(\gamma)$$

式中，γ 为自由度，$t=\dfrac{\bar{x}-\mu}{S/\sqrt{N}}$ 服从自由度为 γ 的 t 分布。

当自由度较小时，t 分布与正态分布有明显区别，但当自由度 $\gamma \rightarrow \infty$ 时，t 分布曲线趋于正态分布曲线。

当测量列的测量次数较少时，其误差分布通常服从 t 分布，t 分布在测量不确定度评定中占有重要地位。

1.5.3 均匀分布

均匀分布的基本特征是随机误差在其界限内出现的概率处处相等。其概率密度为

$$f(\delta)=\begin{cases} \dfrac{1}{2a} & (|\delta| \leqslant a) \\ 0 & (|\delta| > a) \end{cases}$$

均匀分布函数图形为矩形，又称为矩形分布（见图 1.5-3）。

均匀分布的数学期望为：$E(\delta)=0$。

均匀分布的方差为：$\sigma^2=\dfrac{a^2}{3}$。

标准偏差为：$S=\dfrac{a}{\sqrt{3}}$。

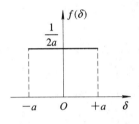

图 1.5-3 均匀分布函数曲线

误差限为：$a=\sqrt{3}S$。

某些仪器度盘刻线误差所引起的角度测量误差、眼睛引起的瞄准误差等均服从均匀分布。在缺乏任何其他信息的情况下的测量，一般假设为均匀分布。

1.5.4 三角分布

由概率论可知，两个服从相等的均匀分布的相互独立的随机变量之和（差），仍为随机变量，且服从三角分布（见图 1.5-4）。其概率密度为

$$f(\delta)=\begin{cases} \dfrac{a+\delta}{a^2} & (-a \leqslant \delta < 0) \\ \dfrac{a-\delta}{a^2} & (0 \leqslant \delta \leqslant a) \end{cases}$$

数学期望为：$E(\delta)=0$。

方差为：$\sigma^2=\dfrac{a^2}{6}$。

标准差为：$S=\dfrac{a}{\sqrt{6}}$。

误差限为：$a=\sqrt{6}S$。

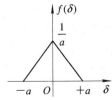

图 1.5-4 三角分布函数曲线

思 考 题

1. 简要给出以下概念的意义：

(1) 测量误差；(2) 误差；(3) 绝对误差；(4) 相对误差；(5) 等精度测量；(6) 测量不确定度；(7) 标准不确定度；(8) 测量不确定度的 A 类评定；(9) 测量不确定度的 B 类评定；(10) 合成标准不确定度。

2. 指出下列各量是几位有效位数，再将各量的有效位数改取为 3 位。

(1) $L_1 = 2.3751$ m；

(2) $L_2 = 0.002\,375\,1$ km；

(3) $L_3 = 237\,5100$ μm；

(4) $m = 1470.0$ g；

(5) $t = 6.2815$ s；

(6) $g = 980.1230$ cm/s^2。

3. 按数据修约规则将以下数据分别截取到百分位和千分位：

$\sqrt{2}$；$\sqrt{3}$；π；6.3786；6.3743；6.3755；6.3755001；6.3755000；6.3745001；6.3745000。

4. 改正以下错误，写出正确答案。

(1) $l = 18.90$ mm $= 1.89$ cm；

(2) $h = (32.1 \pm 0.08)$ mm（用米尺测量）；

(3) $t = (20.10 \pm 0.02)$℃（用最小分度为 1℃的温度计单次测量）；

(4) $m = (40.450 \pm 0.12)$ g；

(5) $m = (40.4 \pm 0.12)$ g；

(6) $0.221 \times 0.221 = 0.048841$；

(7) $40.5 + 2.04 - 0.0846 = 42.4554$；

(8) $\dfrac{400 \times 15000}{12.60 - 11.6} = 6000000$；

(9) $\dfrac{3.85 \times 10^3 \times 30.0}{\frac{1}{4}\pi} = 147000$。

5. 测量某物体的质量（单位：g），共测 8 次，各次测量值为：$m_1 = 236.45$，$m_2 = 236.37$，$m_3 = 236.51$，$m_4 = 236.34$，$m_5 = 236.38$，$m_6 = 236.43$，$m_7 = 236.47$，$m_8 = 236.40$。

求其算术平均值、各次测量值的残差、平均绝对误差和相对误差，用平均绝对误差表示测量结果。

6. 计算第 5 题的标准偏差 S、算术平均值的偏差 S_m，用实验标准差表示测量结果。

7. 第 5 题中，天平 $\Delta_仪 = 0.05$ g，用测量不确定度表示测量结果。

8. 测得一矩形铜片的长 $a = \bar{a} \pm u_c = (2.34 \pm 0.02)$ cm，宽 $b = \bar{b} \pm u_c = (1.98 \pm 0.01)$ cm，求其面积。

9. 测得一圆形薄片的半径 $R = \bar{R} \pm u_c = (6.53 \pm 0.02)$ mm，求面积。

10. 试判断以下各直接测量数据使用的测量仪器（米尺、20 分度游标卡尺、50 分度游标卡尺、千分尺）：

(1) 16.3 mm；(2) 16.30 mm；(3) 16.300 mm；(4) 16.35 mm。

11. 推导以下不确定度传递公式，计算结果，给出正确表示：

(1) $y = A - B$，其中 $A = (25.3 \pm 0.2)$cm，$B = (9.0 \pm 0.2)$cm；

(2) $R = \dfrac{U}{I}$，其中，$U = (10.5 \pm 0.2)$V，$I = (100.0 \pm 1.2)$mA；

(3) $y = A + B - \dfrac{1}{3}C$，其中，$A = (25.30 \pm 0.12)$cm，$B = (9.00 \pm 0.21)$cm，$C = (5.00 \pm 0.02)$cm；

(4) $g = 4\pi^2 \dfrac{L}{T^2}$，$L = (101.00 \pm 0.02)$cm，$T = (2.01 \pm 0.01)$s；

(5) $\rho = \dfrac{M}{\dfrac{1}{6}\pi d^3}$，$M = (100.00 \pm 0.02)$g，$d = (5.00 \pm 0.02)$mm。

1.6　游标卡尺和螺旋测微计的使用

物理实验离不开测量，本实验训练学生掌握长度、质量、时间、温度、湿度、角度、密度等常用物理量的测量方法，并通过测量液体密度和规则固体的密度，训练学生掌握直接测量和间接测量的基本方法，加深学生对测量不确定度传递规律的理解。

1.6.1　实验目的

(1) 了解游标卡尺和螺旋测微计的结构和测量原理，掌握测量长度的基本方法。

(2) 掌握物理天平测质量的方法。

(3) 掌握测量时间的一般方法。

(4) 掌握测量温度和湿度的一般方法。

(5) 掌握角度测量的一般方法。

(6) 掌握液体密度测量的一般方法。

(7) 通过间接测量固体的密度，加深对测量不确定度传递规律的理解。

(8) 通过米尺、游标卡尺和螺旋测微计的使用，加深对测量结果有效位数的理解。

1.6.2　实验仪器

米尺、游标卡尺、螺旋测微计、物理天平、秒表、干湿温度计、分光仪、密度计、薄长方体、圆柱体、钢球、细铜丝等。

1.6.3　实验原理

直接测量长度、质量、时间、温度、湿度、角度、密度等常用物理量的实验仪器、原理及仪器使用方法参见第三章的相关内容。

本节只介绍间接测量物体密度的原理。

1. 形状规则固体

物体质量为 $M(\text{kg})$，体积为 $V(\text{m}^3)$，则密度定义为 $\rho = \dfrac{M}{V}$，密度单位为 kg/m^3。

质量由天平读出，规则固体如长方体和圆柱体等，可通过测量物体的长、宽、高和直径等几何尺寸，计算出物体的体积。由于物体的各个断面的大小和形状的不均匀性，应在不同位置多次测量物体的长、宽、高和直径，取其算术平均值，再计算体积。

2. 形状不规则固体

对于形状不规则固体，难点在于体积的测量，常用流体静力平衡法测量其密度，其基本思想是阿基米德原理，即物体所受的浮力等于其所排开的液体的重量。假设不计空气浮力，物体在空气中称得的质量为 m_1，浸没在液体中称得的质量为 m_2，物体体积为 V，则由阿基米德原理：

$$m_1 g - m_2 g = \rho_0 g V \tag{1.6-1}$$

其中，g 为重力加速度，ρ_0 为液体密度。

由式(1.6-1)得物体体积：

$$V = \frac{m_1 - m_2}{\rho_0}$$

物体密度为

$$\rho = \frac{m_1}{m_1 - m_2} \rho_0 \qquad (\rho > \rho_0) \tag{1.6-2}$$

若物体密度小于液体密度，可将另一密度较大的重物与待测物体拴在同一条细线的不同部位上，重物在下方，待测物体在上方。先将重物浸入液体中，称得质量为 m_4，再将待测物体和重物全部浸没在液体中，称得质量为 m_3，如图 1.6-1 所示。

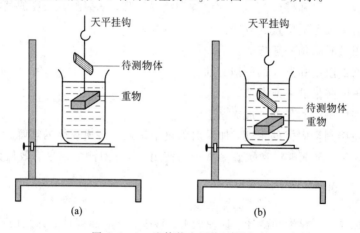

图 1.6-1 流体静力平衡法测密度

设重物体积为 V_1，质量为 m'，则

$$(m_1 + m')g - m_3 g = \rho_0 g(V + V_1) \tag{1.6-3}$$

$$(m_1 + m')g - m_4 g = \rho_0 g V_1 \tag{1.6-4}$$

由式(1.6-3)-式(1.6-4)得物体体积：

$$V = \frac{m_4 - m_3}{\rho_0}$$

物体密度为

$$\rho = \frac{m_1}{m_4 - m_3}\rho_0 \qquad (\rho < \rho_0) \tag{1.6-5}$$

3. 液体密度

除可用第三章介绍的密度计之外，也可用流体静力平衡法或比重瓶法测液体密度。

1) 比重瓶法

图 1.6-2　比重瓶

如图 1.6-2 所示比重瓶，瓶塞用一个中间有毛细管的磨口塞子制成。使用比重瓶时，先将比重瓶注满液体，然后用塞子塞紧，多余的液体通过毛细管流出，这样就保证了比重瓶的容积固定。

实验中，先称出空比重瓶的质量 m_0，再将已知密度为 ρ_0 的液体注满比重瓶，称出总质量 m_1，然后倒出液体，将比重瓶晾干或烘干，再注满密度为 ρ 的待测液体，称出总质量 m_2，设比重瓶体积为 V，则

$$m_1 = m_0 + \rho_0 V \tag{1.6-6}$$
$$m_2 = m_0 + \rho V \tag{1.6-7}$$

由式(1.6-6)、式(1.6-7)得待测液体密度为

$$\rho = \frac{m_2 - m_0}{m_1 - m_0}\rho_0 \tag{1.6-8}$$

也可用比重瓶测小块固体的密度，公式为

$$\rho = \frac{m}{m + m_1 - m_2}\rho_0 \tag{1.6-9}$$

式(1.6-9)中，m 为小块固体的质量、m_1 为盛满液体后的比重瓶质量，m_2 为盛满液体后再加入小块固体的比重瓶质量。

2) 流体静力平衡法

任选一质量为 m 的物体，将其全部浸入已知密度为 ρ_0 的液体中，称得其质量为 m_1，然后再将其全部浸入待测液体中，称得其质量为 m_2，则液体密度 $\rho = \dfrac{m - m_2}{m - m_1}\rho_0$。

1.6.4　实验步骤

作为基本训练，本次实验仅测规则物体的密度。

(1) 记下游标卡尺和螺旋测微计的零点误差，用米尺、游标卡尺和螺旋测微计各测量一次薄长方体的高，记录数据，比较并理解三种测量结果的有效位数的区别。

(2) 用螺旋测微计测量小钢球或细铜丝的直径，沿不同方位各测 6 次。计算出平均值，给出测量结果表达式(注意：测量结果三要素)。

(3) 用物理天平测量圆柱体的质量。

(4) 用游标卡尺测量圆柱体的直径和高，沿不同方位各测 6 次。计算出平均值，测出圆柱体的密度。

（5）用干湿温度计测出实验室的温度和湿度。

（6）用秒表测出 10 s 内的任意一时间，掌握秒表使用方法。

（7）使用分光仪测出任意一角度，理解角游标测量原理，掌握角度测量的一般方法。

（8）使用密度计测出液体密度。

1.6.5 测量记录和数据处理

（1）游标卡尺的零点误差 $L_0=$ 螺旋测微计的零点误差 $L_0=$

    游标卡尺的误差限 $\Delta=$ 螺旋测微计的误差限 $\Delta=$

薄长方体的高：

测量仪器	米尺	游标卡尺	螺旋测微计
薄长方体的高 H/mm			

（2）小钢球或细铜丝的直径。

测量次数	1	2	3	4	5	6	平均
直径读数 d'/mm							—
直径$(d'-L_0)$/mm							

（3）物理天平测圆柱体的质量。

物理天平的误差限 $\Delta=$ 质量 $M=$

（4）圆柱体的直径和高。

测量次数	1	2	3	4	5	6	平均
直径读数 d'/mm							—
直径$(d'-L_0)$/mm							

测量次数	1	2	3	4	5	6	平均
高读数 h'/mm							—
高$(h'-L_0)$/mm							

（5）用干湿温度计测出实验室的温度和相对湿度。

    温度计的误差限 $\Delta=$

    干度表读数：$T_1=$ 湿度表读数：$T_2=$ 相对湿度 $=$

（6）用秒表测时间。

    秒表的误差限 $\Delta=$ 时间 $t=$

（7）用分光仪测角度。

    分光仪的误差限 $\Delta=$ 角度 $\theta_左=$ $\theta_右=$ $\theta=|\theta_左-\theta_右|=$

（8）使用密度计测液体密度。

    密度计误差限 $\Delta=$ 密度 $=$

（9）计算圆柱体的密度，给出结果表达式：$\rho=\bar{\rho}\pm u_c(\rho)$。

思 考 题

1. 用流体静力平衡法测密度时，细线对测量结果有何影响？

2. 推导流体静力平衡法测液体密度的公式。

3. 推导用比重瓶测小块固体密度的公式。

4. 如果设计一精确度为 0.05 mm 的游标卡尺，主尺的最小分度是 1 mm，那么它的游标应当如何设计？

5. 如何用游标卡尺测量圆孔的内径和槽孔的深度？

6. 如果某螺旋测微计测微螺杆的螺距为 0.5 mm，沿微分筒一周刻有 100 等份，试问该螺旋测微计的精确度是多少？若另一个螺旋测微计的螺距为 1 mm，沿微分筒一周刻有 50 等份，该螺旋测微计的精确度又是多少？

第二章 物理实验常用测量方法

物理学实验方法是依据一定的物理现象、物理规律和物理原理，通过设置特定的实验条件，观察相关物理现象和物理量的变化，研究各物理量之间关系的科学实验方法。物理实验方法包含测量方法和数据处理方法两个方面。按测量技术划分，常用的测量方法有比较法、放大法、转换法、补偿法、平衡法、模拟法、干涉法等，当然测量方法的分类不是绝对的，各种测量方法之间往往是相互联系的，有时无法截然分开。测量方法是进行物理实验的思想方法，学习并掌握这些基本的实验思想方法，并在实验中综合使用各种方法，有助于我们进行实验的设计和实验方案的选择，是我们进行科学实验和科学研究的基础。

2.1 比 较 法

比较法通过将待测量和标准量进行比较获得待测物理量的量值，是测量方法中最基本、最普遍、最常用的方法，比较法可分为直接比较法和间接比较法。

2.1.1 直接比较法

直接比较法就是将被测量与同类物理量的标准量具直接进行比较，直接读取测量数据，如用米尺测长度，用秒表测时间。直接比较法有以下三个特点：

（1）量纲相同：被测量与标准量的量纲相同。如用米尺测长度，米尺与被测量同为长度量纲。

（2）直接可比：被测量与标准量直接可比，直接获得被测量的量值。如用天平测质量，当天平平衡时，砝码的质量就是被测物体的质量。

（3）同时性：被测量与标准量的比较是同时发生的，没有时间的超前或滞后。如用秒表测时间，事件发生的过程与秒表的记录是同时的。

直接比较法的测量精度受测量仪器或量具自身精度的限制，要提高测量精度就必须提高测量仪器的精度。

2.1.2 间接比较法

有些物理量，难于制成标准量具，无法通过直接比较测量，但可通过一些与待测物理量有函数关系的中间量或仪器，间接实现比较测量，称为间接比较法。例如温度计是利用物体的体积膨胀与温度的关系制成的，属于间接比较测量。

2.2　放　大　法

当待测物理量的量值很小或变化很微弱时，很难找到与其进行直接比较的标准量进行测量或者测量误差很大而不能满足要求时，可以设计一些方法将被测量放大后再进行测量，放大被测量所用的原理和方法称为放大法。放大法是常用的基本测量方法之一，可分为累计放大法、机械放大法、电磁放大法和光学放大法等。许多物理量的测量，往往归结为长度、角度和时间的测量，因此关于长度、角度和时间的放大是放大法的主要内容。

2.2.1　累计放大法

在被测物理量可简单叠加的情况下，将其延展若干倍后再进行测量，最后将测量值除以累计倍数得出被测量量值的方法，称为累计放大法。如薄纸的厚度、细金属丝的直径、干涉条纹的间距或振动的周期等，都可采用此种方法。

累计放大法的优点是在不改变测量性质、不增加测量难度的情况下，增加了测量结果的有效位数，减小了测量结果的相对不确定度。例如用秒表测量单摆周期，设秒表测量时间间隔的不确定度为 $0.1\ \text{s}$，单摆周期为 $2.0\ \text{s}$。如仅测量单摆摆动 1 个周期的时间间隔，则测量结果 $T_1 = 2.0\ \text{s}$，有效位数为 2 位，测量结果的相对不确定度 $u_{\text{crel1}} = \dfrac{0.1}{2.0} = 5\%$；若测量单摆 50 个摆动周期的累计时间间隔，累计时间间隔为 $T = 100.0\ \text{s}$，则测量结果 $T_2 = \dfrac{100.0\ \text{s}}{50} = 2.000\ \text{s}$，有效位数为 4 位（暂不考虑测量不确定度），测量结果的相对不确定度为 $u_{\text{crel2}} = \dfrac{0.1}{2.0 \times 50} = 0.10\%$，增加了测量结果的有效位数，减小了测量结果的相对不确定度。当然，以上是简单的计算，仅考虑了秒表的 B 类测量不确定度，没有考虑其他因素所产生的测量不确定度，实际测量结果的有效位数应由测量不确定度确定。

2.2.2　机械放大法

测量微小长度或角度时，为了提高测量精度，常利用机械部件之间的几何关系，将其最小刻度用游标、螺距的方法进行机械放大，称为机械放大法。机械放大法提高了测量仪器的分辨率，增加了测量结果的有效位数。游标卡尺、螺旋测微计和读数显微镜都是用机械放大法进行精密测量的典型例子，其原理和方法参见第三章物理实验常用仪器的介绍。

2.2.3　电磁放大法

在电磁类实验中，要测量微小的电流或电压，常用电磁放大法。电信号的放大很容易实现，当前把电信号放大几个、几十个数量级已不是难事，因此，常常在非电量的测量中，将非电量转换为电量，再将该电量放大后进行测量。电磁放大法已成为在科学研究和工程应用方面常用的测量方法之一。物理实验中，利用光电效应测普朗克常数的实验中微弱光电流的测量，就是应用放大电路将微弱光电流放大后再测量；常用的电学仪器示波器，也可将电信号放大，以便于观察和测量。

2.2.4 光学放大法

光学放大法有两种，一种是通过光学仪器放大被测物的像，以便于观察，如常用的测微目镜、读数显微镜等，这些仪器在观察中只起放大视角的作用。另一种是通过测量放大的物理量，间接测量较小的物理量，如第四章"实验1金属杨氏模量的测定"中的光杠杆就是一种常见的光学放大系统。

2.3 转 换 法

许多物理量，由于属性关系无法用仪器直接测量，或者测量起来不方便、测量准确性差，但可将这些物理量转换成其他便于准确测量的物理量，这种方法称为转换法。使用转换法可将不可测的量转换为可测的量进行测量，也可将不易测准的量转换为可测准的量，提高测量精度。如我国古代曹冲称象的故事，就是把不可直接称重的大象的重量，转换为可测的石块的重量，其中包含了转换法的思想方法；而利用阿基米德原理测量不规则物体的体积，则是将不易测准的体积转换为容易测准的浮力来测量，提高了测量精度；还有如通过测量三线摆的周期测刚体的转动惯量、通过落体法测物体下落的时间或转动的角加速度测刚体转动惯量等都是转换法思想方法的体现。由于不同物理量之间存在多种相互联系的关系和效应，所以就存在各种不同的转换测量方法，这正是物理实验最富有开创性的一面。转换测量方法使物理实验方法与各学科的发展关系更加密切，已渗透到各个学科领域。

转换测量方法大致可分为参量转换法和能量转换法。

2.3.1 参量转换法

参量转换法利用各物理量之间的变换关系来测量某一物理量，这一方法几乎贯穿于整个物理实验领域。例如用拉伸法测金属杨氏模量实验中，要测量的是杨氏弹性模量 E，而实际测量的是应力 $\dfrac{F}{S}$ 和应变 $\dfrac{\Delta L}{L}$，变换关系是由胡克定律得到的关系式：$E = \dfrac{F/S}{\Delta L/L}$。

2.3.2 能量转换法

能量转换法利用换能器（如传感器）将一种形式的能量转换为另一种形式的能量，从而通过测量另一种物理量来获得待测的物理量。由于电学量测量方便，通常将非电量转换为电学量测量，常见的能量转换有热电转换、压电转换、光电转换和磁电转换。

热电转换就是将热学量转换为电学量的测量，常见的热电传感器有热敏电阻、P－N结传感器和热电偶等，利用温差电动势测温度，就是通过热电转换，将温度差转换为电势差，通过测电势差从而得到待测温度。

压电转换就是将压力转换为电学量的测量，扬声器就是常见的换能器，压电转换常用于厚度、速度的测量，"实验3声速的测定"就是压电转换的应用。

光电转换就是将光学量转换为电学量的测量，其基本原理是光电效应，常见的换能器有光电管、光电倍增管、光电池、光敏管等，"实验15利用光电效应测普朗克常数"和"实验 15 单缝衍射的光强分布"就是光电转换的应用。

　　磁电转换就是将磁学量转换为电学量的测量，主要是利用半导体材料的霍尔效应，换能器是霍尔元件，"实验 8 利用霍尔效应测磁场"就是磁电转换的应用。

2.4　补　偿　法

　　若系统受到某种作用产生 A 效应，同时又受到另一种作用产生 B 效应，B 效应和 A 效应相互抵消使系统复原，即 B 效应对 A 效应进行了补偿，这就是补偿法。补偿法常常要与平衡法、比较法结合使用，主要用于补偿法测量和补偿法校正两个方面。

2.4.1　补偿法测量

　　"实验 7 电位差计测电动势"是补偿法测量的应用实例。图 2.4-1 是用电位差计测电动势的补偿测量系统，E_s 为已知电动势，E_x 是待测电动势，它们极性相同连接起来，G 是检流计。E_x 存在时产生 A 效应，即在电路中产生一顺时针方向的电流；E_s 存在时产生 B 效应，即在电路中产生一逆时针方向的电流；当 E_s 和 E_x 相等时，B 效应和 A 效应抵消，即电路中电流为零，检流计 G 中无电流通过，指针不偏转，即 E_s 对 E_x 进行了补偿，从而测得 $E_x = E_s$。

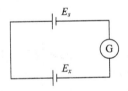

图 2.4-1　电位差计测电动势的补偿测量系统

　　由上面的例了可看出，补偿系统一般由待测装置、补偿装置、测量装置和指零装置组成。待测装置产生待测效应；补偿装置产生补偿效应；测量装置将待测装置和补偿装置联系起来以进行测量比较；指零装置是一个比较系统，指示待测量和补偿量的比较结果。比较结果可采用零示法和差示法，零示法是完全补偿，差示法是不完全补偿。测量中一般采用零示法。

2.4.2　补偿法校正

　　在测量过程中，有时由于存在某些不合理的因素而产生系统误差且又无法排除，但可创造一种条件去补偿这种不合理的影响，使得影响因素消失或减弱，这就是补偿法校正。迈克尔逊干涉仪中补偿板的作用就是补偿法校正，用于补偿光线通过分光板所产生的附加光程差。

2.5　平　衡　法

　　通过调节测量系统的相关参量，使系统达到平衡状态，在平衡状态下测量待测物理量的方法称为平衡法，常用平衡法测量系统中的指零装置判断系统是否平衡，所以平衡法也称零示法。指零装置的灵敏度可以做得很高，因而平衡法可以用于高精度的测量。不同的平衡原理可用于不同物理量的测量，如常用的天平测质量，利用的是待测质量和砝码质量的力矩平衡原理；温度计测温度利用的是热平衡原理；惠斯通电桥测电阻利用的是电势平衡原理。随着测量方法的发展，平衡法测量已发展到非平衡测量，非平衡测量在自动化、遥感和遥测等方面已得到广泛应用。

2.6 模 拟 法

以相似理论为基础，设计一个与研究对象有物理或数学相似的模型，通过研究模型获得原型性质和规律的实验方法，称为模拟法。模拟法使我们可以对一些体积庞大（例如大型水坝）、危险（如核反应堆）或变化缓慢难以直接进行测量研究的对象进行研究测量。模拟法可分为物理模拟法和数学模拟法。

2.6.1 物理模拟法

模型与原型保持同一物理本质的模拟方法称为物理模拟法。物理模拟法要求模型与原型满足几何相似和物理相似两个条件，即模型与原型的几何尺寸成比例，同时遵从同样的物理规律。

2.6.2 数学模拟法

模型与原型没有完全相同的物理本质，但却遵从相同的数学规律的模拟方法称为数学模拟法，如稳恒电流场和静电场是两种不同的场，但在一定条件下，两种场的场强和电势具有相似的数学表达式和空间分布，因而可以通过测试研究稳恒电流场来研究难以测量的静电场。"实验5 模拟法测绘静电场"就是数学模拟法的应用实例。

2.7 干 涉 法

利用相干波干涉时所遵循的物理规律进行物理量测量的方法，称为干涉法。利用干涉法可精确测量长度、厚度、微小位移、角度、波长、透镜的曲率半径以及气体、液体的折射率等物理量，利用干涉法还可进行光学元件的质量检验。

"实验10 干涉法测透镜的曲率半径"和"实验16 运用迈克尔逊干涉仪测定氦-氖激光器的波长"是干涉法测光波波长的实例，"实验3 声速的测定"是利用驻波法测机械波波长的实例，而驻波是干涉的特殊形式。

思 考 题

1. 物理实验中常用的测量方法有哪几种？

2. 结合本书实验，具体判断其属于哪一种测量方法，或是属于哪几种测量方法的组合。

3. 物理模拟法和数学模拟法分别需要满足什么样的条件？

第三章 物理实验常用仪器

了解常用测量器具的性能并掌握其使用方法,是物理实验教学的基本要求之一,也是进行科学实验和科学研究的基础。本章主要介绍物理实验中常用的基本测量器具,其他仪器将结合后续内容在具体实验中进行讲解。

3.1 力学、热学常用仪器

长度、质量和时间是三个最基本的力学物理量。

在 SI 制中,长度的基本单位是米,用符号 m 表示。1983 年第 17 届国际计量大会通过了米的定义:1 米的长度是光在真空中经 1/299792458 秒时间间隔内所传播的距离。常用的测量器具米尺、游标卡尺、螺旋测微计和读数显微镜等用于不同精度的长度测量。

质量的基本单位是千克,用符号 kg 来表示。1889 年第 1 届国际计量大会规定千克为质量的单位,质量单位的国际标准是用铂铱合金制成的直径为 39 mm 的正圆柱体国际千克原器。质量用天平测量,也可用弹簧秤。

时间的基本单位是秒,符号为 s。1967 年第 13 届国际计量大会规定:秒是与铯-133 原子基态的两个超精细能级间跃迁相对应的辐射的 9 192 631 770 个周期的持续时间。测量时间的方法很多,测时器具通常是基于物体的机械、电磁或原子等运动的周期性而设计的。目前,利用原子周期性运动制造的原子钟精确度最高。实验室常用秒表和数字毫秒计测量时间,也可用示波器测量时间。

温度是热学的基本物理量,在 SI 制中温度的单位是开尔文,符号为 K。1990 年规定的国际温标热力学温度单位开尔文定义如下:开尔文是水的三相点热力学温度的 1/273.16。另外,常用的温标还有摄氏温标($℃$)和华氏温标(F),其换算关系如下:

摄氏温标($℃$):$t = T - 273.15$

华氏温标(F):$t_F = 32 + 1.8t$

实验室常用的测温度的仪器有液体温度计、电阻温度计、热电偶温度计等,计量单位采用摄氏温标($℃$)。

1. 米尺

实验室常用的米尺有钢直尺和钢卷尺两种,最小分度为 1 mm,并可视实际情况估读出最小分度的 1/10~1/2。使用时将待测物体的两端与米尺直接比较进行测量,测量时注意将待测物体与米尺紧贴、对准,并且直视刻度线,以避免视差。有的米尺刻度是从尺端开始的,为避免由磨损带来的误差,测量时一般不将尺端作为测量的起点,而选择某一整刻度线作为测量的基准标线。

2. 游标卡尺

游标卡尺是比较精密的测量长度的量具，可用于测物体的长度、厚度或孔的内径、外径、深度等。

1）游标卡尺的结构及测量原理

游标卡尺的构造如图 3.1-1 所示。

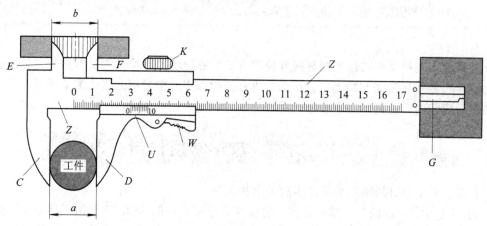

Z—主尺；U—游尺和游标；K—游尺紧固螺钉；
C、D—钳口；E、F—刀口；G—深度尺；W—推把

图 3.1-1　游标卡尺

游标卡尺由主尺 Z 和可沿主尺滑动的游尺 U 组成。游尺上的刻度称为游标。钳口 C 和刀口 E 与主尺连在一起，固定不动。钳口 D 和刀口 F 及深度尺 G 连在一起，可随游尺一起滑动。钳口 C、D 可以夹住待测物体，用来测量物体的外部尺寸，故称为外卡。刀口 E、F 用来测量孔的内径，故称为内卡。深度尺 G 用来测量孔的深度。推把 W 用来推动游尺。K 是游尺紧固螺钉，在测量结束时用来固定游尺的位置，以便于读数。

下面以常用的 10 分度和 50 分度游标卡尺为例，说明游标卡尺的测量原理。

如图 3.1-2 所示，10 分度游标总长为 9 mm，等分为 10 小格，每小格长度为 $\frac{9}{10}$ mm ＝ 0.9 mm，主尺上每小格长度为 1.0 mm。因此，游标上一小格的长度比主尺上一小格的长度小 0.1 mm。

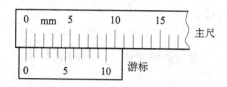

图 3.1-2　10 分度游标

当钳口 C、D 吻合时，游标的 0 刻度线与主尺的 0 刻度线对齐，游标的第 10 条刻度线与主尺的 9 mm 刻度线对齐，而其余的刻度线都不对齐。游标的第 1 条刻度线在主尺 1 mm 刻度线的左边 0.1 mm 处，游标的第 2 条刻度线在主尺的 2 mm 刻度线左边 0.2 mm 处等。

如果在钳口 C、D 之间夹一张厚度为 0.1 mm 的纸片，游尺就向右移动 0.1 mm，这时

游标的第 1 条刻度线就与主尺的 1 mm 刻度线对齐，其余的刻度线与主尺的刻度线不对齐；如果夹一张厚度为 0.2 mm 的纸片，游标的第 2 条刻度线就与主尺的 2 mm 刻度线对齐，其余的刻度线与主尺的刻度线不对齐；如果夹一张厚度为 0.5 mm 的薄片，游标的第 5 条刻度线就与主尺的 5 mm 刻度线对齐，其余的刻度线与主尺的刻度线不对齐。因此，当待测薄片的厚度不超过 1 mm 时，如果游标的第 n 条刻度线与主尺的某一刻度线对齐，那么薄片的厚度就是 $0.1 \times n (\mathrm{mm})$。

　　当测量大于 1 mm 的长度时，整数部分可以从主尺读出，十分之几毫米可以从游标上读出。如图 3.1-3 所示测量待测工件的长度，整数部分为 27 mm，而游标的第 8 条刻度线与主尺的某一刻度线对齐，所以物体的长度为

$$L = 27.0 + 0.1 \times 8 = 27.8 (\mathrm{mm})$$

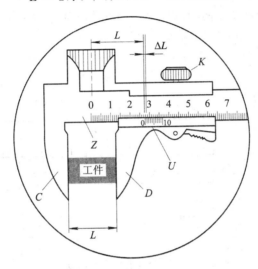

图 3.1-3　10 分度游标卡尺的读数方法

　　这样，我们读出的十分之几毫米是直接测出的，而不是估计的。如果没有 10 分度游标，十分之几毫米就要用眼睛估计。10 分度的游标卡尺可以准确地测出 0.1 mm 的长度，所以它的精确度是 0.1 mm。可见 10 分度的游标卡尺可以提高测量中估读的准确性，但不增加待测量结果的有效位数。

　　如图 3.1-4 所示，50 分度游标总长为 49 mm，等分为 50 小格，每小格长度为 $\frac{49}{50}$ mm＝0.98 mm，主尺上每小格长度为 1.00 mm。因此，游标上一小格的长度比主尺上一小格的长度小 0.02 mm。

图 3.1-4　50 分度游标

　　当钳口 C、D 吻合时，游标的 0 刻度线与主尺的 0 刻度线对齐，游标的第 50 条刻度线与主尺的 49 mm 刻度线对齐，而其余的刻度线都不对齐。游标的第 1 条刻度线在主尺的

1 mm刻度线左边0.02 mm处，游标的第2条刻度线在主尺的2 mm刻度线左边0.04 mm处，等等。

如果在钳口C、D之间夹一张厚度为0.02 mm的纸片，游尺就向右移动0.02 mm，这时游标的第1条刻度线就与主尺的第1条刻度线对齐，其余的刻度线与主尺的刻度线不对齐；如果夹一张厚度为0.04 mm的纸片，游标的第2条刻度线就与主尺的第2条刻度线对齐，其余的刻度线与主尺的刻度线不对齐；如果夹一张厚度为0.54 mm（$=0.02\times 27$ mm）的薄片，游标的第27条刻度线就与主尺的第27条刻度线对齐，其余的刻度线与主尺的刻度线不对齐。因此，当待测薄片的厚度不超过1 mm时，如果游标的第n条刻度线与主尺的某一刻度线对齐，那么薄片的厚度就是$0.02\times n$（mm）。

当测量大于1 mm的长度时，整数部分可以从主尺上读出，百分之几毫米可以从游标上读出。如图3.1-5所示的待测物体长度L的整数部分为17 mm，而游标的第27条刻度线与主尺的某一刻度线对齐，所以物体的长度为

$$L = 17.00 + 0.02\times 27 = 17.54 \text{（mm）}$$

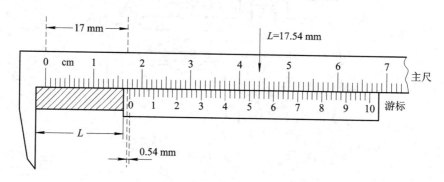

图 3.1-5　50 分度游标卡尺的读数方法

为了便于读数，在游标的第5条刻度线处刻上"1"，这个"1"表示0.10 mm（$0.02\times 5=0.10$ mm）；在游标的第10条刻度线处刻上"2"，这个"2"表示0.20 mm（$0.02\times 10=0.20$ mm）；在游标的第25条刻度线处刻上"5"，这个"5"表示0.50 mm（$0.02\times 25=0.50$ mm），等等。所以，游标上的标度值应不假思索地计入小数点后第一位，剩余部分以游标分度值（精确度）的相应倍数计入。在上例中，游标上的标度值"5"右边第2条刻度线与主尺的某一刻度线对齐，我们马上就能读出"0.54 mm"（$0.50+0.02\times 2=0.54$ mm）。

50分度的游标卡尺可以准确地测出0.02 mm，所以它的精确度是0.02 mm。实验室提供的50分度游标卡尺最大测量长度为135 mm，所以它的量程就是135 mm。

2）游标卡尺的使用方法

测量前，应先记录零点误差，测量时的读数值减去零点误差，才是测量值。如不做此项校准工作，测量结果将出现系统误差。以10分度游标卡尺为例，先使钳口C、D吻合，检查游标的0刻度线与主尺的0刻度线是否对齐，若二条刻度线恰好对齐，则零点误差$L_0=0.0$ mm；若不对齐，则游标的0刻度线在主尺的0刻度线右边时零点误差为正，反之为负。图3.1-6的(a)和(b)所示的零点误差分别为+0.3 mm和−0.4 mm（-1 mm$+0.6$ mm$=-0.4$ mm）。

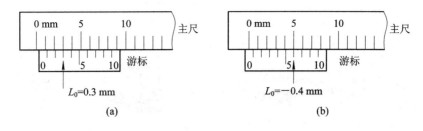

图 3.1-6　零点误差读数

测量时，左手拿待测物体，右手拿游标卡尺。用右手大拇指轻轻向右推动推把 W，将物体放在钳口的中间部位，再向左推动推把，使钳口轻轻夹住待测物体，如图 3.1-7 所示，再拧紧紧固螺钉 K，按照上述读数方法读数。然后再松开 K，向右轻推 W，取下待测物体。

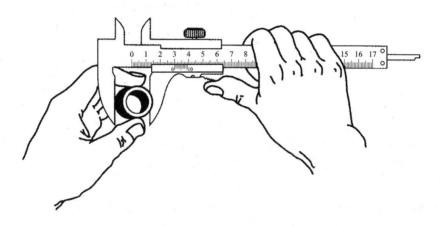

图 3.1-7　游标卡尺的使用方法

3. 螺旋测微计

螺旋测微计是比游标卡尺更精密的测长度的量具，实验室提供的螺旋测微计的量程是 25 mm，精确度是 0.01 mm。用螺旋测微计可以准确地测出 0.01 mm，并能估读出 0.001 mm，故又称为千分尺。螺旋测微计通常用来精确测量金属丝的直径或薄片的厚度。

1）工作原理

螺旋测微计的构造如图 3.1-8 所示。它主要由一根精密的测微螺杆 R 和固定套管 S 组成。螺杆的螺距为 0.5 mm，套管 S 的表面上刻有一水平线，刻线上面有 0～25 mm 标尺，刻线下面也有间距为 1 mm 的标尺，但上标尺刻线刚好在下标尺两条刻线的中间，即上、下标尺相邻两条刻线之间的距离是 0.5 mm。上标尺指示毫米数，下标尺指示半毫米数，固定套管的外面套有微分筒 T，微分筒的左边的圆周等分为 50 小格，微分筒和测微螺杆共轴固定在一起，所以当微分筒旋转一周时，测微螺杆也随之旋转一周，它们同时前进或后退 0.5 mm。当微分筒转过一小格时，测微螺杆前进或后退 $\dfrac{0.5}{50}$ mm＝0.01 mm。测量时，再估计出 1/10 小格，就可以估读出 0.001 mm，螺旋测微计的精确度是 0.01 mm。

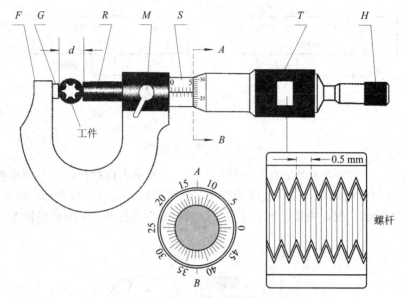

F—尺架；G—测砧；R—测微螺杆；M—锁紧装置；
S—固定套管；T—微分筒；H—测力装置(棘轮装置)

图 3.1-8 螺旋测微计

2) 使用方式

测量前应先记录零点误差。轻轻转动棘轮装置的转柄 H，使测微螺杆前进，当听到棘轮发出"喀、喀"的声音时，表明测微螺杆和测砧刚好接触，这时停止转动转柄，观察固定套筒上的水平刻线与微分筒上的零刻度线之间的相对位置，读记零点误差 L_0。其方法是：若两刻线恰好对齐，则 $L_0 = 0.000$ mm，如图 3.1-9(a) 所示；若微分筒的零刻度线在固定套管的水平刻线下方，则 L_0 取正值，数值是两刻线之间的小格数(应估读一位)×0.01 mm，如图 3.1-9(b) 所示；若微分筒的零刻线在固定套管的水平刻线上方，则 L_0 取负值，数值同样是两刻线之间的小格数(估读一位)×0.01 mm，如图 3.1-9(c) 所示，也可用下式得出零点误差：$L_0 = -0.5 +$ 读出的数(mm)。

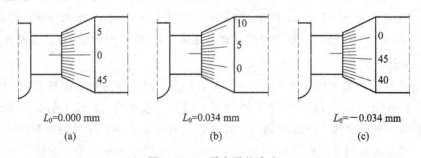

$L_0 = 0.000$ mm $L_0 = 0.034$ mm $L_0 = -0.034$ mm

(a)   (b)   (c)

图 3.1-9 零点误差读法

测量物体的长度时，先使测微螺杆退至适当位置，再把物体放在测砧和螺杆之间，然后轻轻转动转柄 H，使测微螺杆前进。当听到"喀、喀"的声音时，表明螺杆和测砧以一定的力刚好把物体夹紧。因棘轮是靠摩擦使测微螺杆转动的，当螺杆和测砧刚好把物体夹紧时，它们就会自动打滑。因此棘轮装置不会把物体夹得过紧或过松而影响测量结果，也不至损坏测微螺杆的螺纹。螺旋测微计能否保持测量结果的准确，关键是能否保护好测微螺杆的螺纹。千万不要直接转动微分筒，否则会因力矩过大而损坏螺纹。

读数时，先从固定套管水平刻线下面的标尺读出待测物体长度的整数毫米值，再观察微分筒左端边缘，看固定套管水平刻线下面的半毫米标尺线是否露出，如果半毫米标尺线的中心已从微分筒左端边缘露出，则再加上 0.5 mm，最后从微分筒上读出 0.5 mm 以下的数值，三者相加；即为测量数值。图 3.1−10(a)和图 3.1−10(b)所示的测量读数分别为

$L_1 = 6.000$ mm $+ 48.2 \times 0.01$ mm $= 6.482$ mm（读数时 6.5 mm 刻度线视作未露出）

$L_2 = 6.000$ mm $+ 0.500$ mm $+ 48.2 \times 0.01$ mm $= 6.982$ mm（读数时 7.0 mm 刻度线视作未露出）

测量读数减去初读数才是测量值。

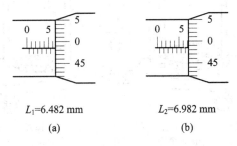

$L_1 = 6.482$ mm　　　　　　$L_2 = 6.982$ mm

(a)　　　　　　　　　(b)

图 3.1−10　螺旋测微计的读数方法

需要特别指出的是，由于毫米刻线和半毫米刻线本身有一定宽度（约 0.1 mm），故此线从刚开始露出到完全露出，微分筒大约要转过 10 个小格。设 $L_0 = 0.000$ mm，则微分筒读数是 45 以上时，左边缘已可看到刻线，而微分筒读数为 0 时，刻线中心恰好露出，至微分筒读数是 5 时，刻线才全部露出。因此，若刚刚观察到刻度线就认为刻度已露出，将会发生判断错误，读记数据时就会多读 0.5 mm。例如，不少人把直径为 0.497 mm 的钢丝测为 0.997 mm，把直径为 2.985 mm 的小钢球测为 3.485 mm。这里介绍一种简易的正确判断方法，叫"大数不露小数露"，即判断毫米或半毫米刻线是否露出，不能只依据能否看到此刻线，更要参考微分筒上的读数是大数（45 以上）还是小数（5 以下）。若刻线刚刚露出，微分筒上的读数不会很大，只能是 5 以下的小数，如果微分筒上的读数很大，则表明毫米或半毫米刻线尚未露出。

螺旋测微计使用完毕，应将测微螺杆和测砧分开，两者之间留一定空隙，以免在受热时两者过分挤压而损坏精密螺纹。

4. 读数显微镜

读数显微镜是用于精确测量微小长度的专用显微镜，由用于观察的显微镜和用于测量的螺旋测微装置两部分组成，测长原理与螺旋测微计相同，使用方法参阅"实验 10 干涉法测透镜的曲率半径"的讲解。

5. 天平

天平有物理天平和分析天平两种，物理实验常用物理天平测质量。物理天平的精度较低，需要精密测量时应使用分析天平。下面介绍物理天平的构造、调整和使用方法。

1）物理天平的构造

物理天平视型号的不同，其结构也不同，图 3.1−11 是物理天平的基本结构。

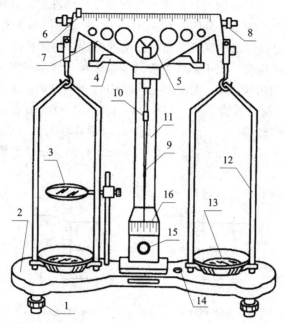

1—水平螺钉；2—底座；3—托架；4—支架；5—支撑刀口；6—游码；
7—横梁；8—平衡调节螺母；9—指针；10—感量调节；11—立柱；
12—秤盘架；13—秤盘；14—水准器；15—开关旋钮；16—微分标牌

图 3.1-11　物理天平的基本结构

物理天平由底座、立柱、横梁和两个秤盘等组成。横梁上有三个刀口，中间的刀口支承在固定于升降杆顶端的刀垫上，调节手轮，可使横梁上升或下降；两边的刀口用来支持秤盘。横梁上固接一指针，横梁摆动时，指针尖端随之在固定于立柱下方的标尺前摆动；横梁两端有两个平衡螺母，用于空载时天平的调零；横梁上装有游码及标尺，用于 1 g 以下的称量；游码标尺共分 10 大格，每大格中又分成 5 小格或 2 小格。当游码从左向右每移动一小格时，相当于在天平右盘增加了 0.02 g 或 0.05 g 的砝码。在立柱下方，有一个制动旋钮，用以升降横梁，当顺时针旋转制动旋钮时，立柱中上升的支承将横梁从制动架上托起，横梁即可灵活地摆动，进行称衡；当逆时针转动制动旋钮时，横梁下降，由制动架托住，中间刀口和支承分离，两侧刀口也由于秤盘落在底座上而减去负荷，保护刀口不受损伤。底座上有水准器，旋转底座的可调节螺钉，使水准器的气泡居中，即表明天平已处于工作位置。

2）物理天平的调整和使用方法

（1）调整天平底座下的可调螺钉，使水准器的气泡居中。

（2）移动游码，使其前沿对齐横梁的 0 刻度线，转动手轮，支起横梁，待横梁停止摆动后，指针应位于标尺中央。如指针偏向一侧，应调节横梁两端的平衡螺母（调节前应制动天平，即降下横梁），直到支起横梁时指针指在标尺中央。

（3）将待测物体放在左秤盘中，砝码放置在右秤盘中，即"左物右码"。轻轻支起横梁，观察是否平衡，若不平衡则适当加减砝码或移动游码，直至指针平衡为止，此时砝码的质量加上游码的读数即为待测物体的质量。

3）注意事项

（1）在进行天平调整和增减砝码时，都必须先将天平制动，绝不允许在摆动中进行操作。

（2）不称量质量超过天平称量范围的物体。

（3）保持砝码清洁，用镊子取放砝码，严禁用手直接取放或触摸砝码。

（4）待测物体和砝码都应放在秤盘的中部，使用多个砝码时，大砝码放在中间，小砝码放在周围。

4）天平的称衡方法

对于一般的测量，采用上面介绍的天平调整和使用方法就可以了，如果需要进行较高精确度的称衡，则采用特殊的称衡方法，如复称法和配称法。

（1）复称法（高斯法）。将待测物体在同一天平上称衡两次，一次放在左盘，一次放在右盘，两次称衡的值分别为 w_1 和 w_2，则待测物体的质量 $w=\sqrt{w_1 \cdot w_2}$。

考虑到 w_1 和 w_2 相差很小，近似可得待测物体的质量 $w=\dfrac{w_1+w_2}{2}$。

校准砝码时，最好使用此方法。

（2）配称法。将待测物体置于右盘，在左盘放上一些碎小物（如沙粒、碎屑等）作为配重使天平平衡，然后用砝码代替待测物体，重新使天平平衡，则砝码的总质量就等于待测物体的质量。这种方法整体性消除了横梁两臂不等长或横梁变形而产生的影响。

（3）定载法。首先，在天平左盘中加上接近于极限负载的砝码，在右盘中放上一批大小不等，但总质量等于左盘砝码的小砝码，并使天平平衡。正式称衡时，将物体放在右盘中，同时从右盘中取出一些砝码使天平重新平衡，则从右盘中取出的砝码总和就等于物体的质量。

由于称衡总是在天平负载相同的情况下进行的，因此天平的灵敏度保持不变，这是定载法的优点，但缺点是天平长期处于极限负载下，不利于天平的保护。

6. 液体密度计

用密度计测量液体的密度很方便，应用也非常广泛。例如用液体密度计测量酒类、奶类的密度，以及浓度不同的各种酸碱溶液的密度等。密度大于 $1000~kg/m^3$ 的密度计，用于测定各种酸、碱、盐类水溶液的密度，例如酸中的硫酸、硝酸、盐酸以及某些无机酸或有机酸等溶液，碱类中的氢氧化钠、氢氧化钾等水溶液，盐类中氯化锌、氯化钠等水溶液。密度小于 $1000~kg/m^3$ 的密度计用于测定甲醇、乙醇、乙醚等溶液，以及汽油、煤油、植物油、石油醚等液体的密度。

多数密度计是由密封的玻璃管制成的，构造如图 3.1-12 所示。标刻度线的 AB 段外径均匀；BC 段玻璃泡内径较大，可使密度计浸在液面以下部分的几何中心尽量上移；最下端的玻璃泡内装有密度很大的许多小弹丸（如铅丸）或水银等，可使密度计的重心尽量下移；CD

图 3.1-12　液体密度计

段玻璃管又细又长，目的是促使密度计能很快停止左右摇摆而在液体中竖直平衡。

密度计是物体漂浮条件的一个应用，它测量液体密度的原理是阿基米德原理和物体浮在液面上平衡的条件。设密度计的质量为 m，待测液体的密度为 ρ，当密度计浮在液面上时，由物体浮在液面上的条件可知：密度计受到液体的浮力等于它所受的重力，即

$$F_{浮} = mg$$

根据阿基米德原理，密度计所受的浮力等于它排开的液体所受的重力，有

$$F_{浮} = \rho g V_{排}$$

由上面两式可得

$$\rho g V_{排} = mg$$

即

$$\rho = m/V_{排}$$

可见，待测液体的密度与密度计排开液体的体积成反比。液体的密度越大，密度计排开液体的体积就越小；液体的密度越小，密度计排开液体的体积就越大。不同密度的液体在密度计玻璃管 AB 段上的液面位置是不同的，预先在玻璃管 AB 段标上刻度线及对应的液体密度，就很容易测量未知液体的密度了，AB 段上的刻度值，位置越高，密度越小。

密度计只能在某一温度下作正确分度，此温度称为密度计的标准温度，以其他温度作标准温度时，必须将其标记在密度计上，标准温度通常为 20.0℃。密度计的最大允许误差不大于一个分度值。

使用密度计时，应注意以下事项：

（1）使用前必须将密度计清洗擦干（用肥皂或酒精擦洗干净）。

（2）取用密度计时，不能用手拿有刻线分度的部分，必须用食指和拇指轻轻拿在玻璃管顶端，并注意不能横拿，应垂直拿，以防折断。

（3）盛液体的量筒必须清洗干净，以免影响读数。

（4）要看清密度计读数方法，除密度计内的小标志上标明"弯月面上缘读数"外，其他一律用"弯月面下缘读数"。

（5）液体温度与密度计标准温度不符时，应查相关温度修正表修正读数。

（6）如发现密度计分度值位置移动、玻璃有裂痕、表面有污秽物附着而无法去除时，应停止使用密度计。

7. 秒表

秒表又叫停表，有机械秒表和电子秒表两种。机械秒表有各种规格，一般秒表有两个指针，长针是秒针，每转一周是 30 s（或 60 s、10 s、3 s 等）；短针是分针，每转一周是 30 min 或 15 min，因此测量范围是 30 min 或 15 min。秒表的分度值为 0.1 s 或 0.2 s。

机械秒表（见图 3.1-13）的按钮上有一个带滚花的按钮，使用前应转动该按钮上好发条，但发条不宜上得过紧；按下按钮，开始计时；再按一次，计时结束；对于无暂停机构的秒表，第三次按该按钮，指针回零。对于有暂停机构的秒表，第三次按该按钮继续计时，按复原钮回零。

由于秒针是跳跃式运动的，最小分度以下估计值是没有意义的，所以秒表的读数不估读。

使用秒表的测量误差有以下两方面：

短时间的测量（1 min 以内），其误差主要是按表和读数的误差，其值约为 0.2 s，且与

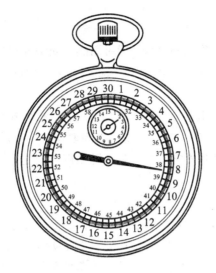

图 3.1-13　秒表

使用人及操作有关，也可能大于 0.2 s。

长时间的测量（1 min 以上），其误差主要是秒表本身存在的快慢误差，在进行长时间的测量时，可用数字毫秒计作为标准计时器来进行秒表的校准。

使用秒表时应注意：

（1）使用前先上好发条，发条不宜过紧，以免损坏。

（2）检查零点是否正确，若秒表不指零，应记下初读数，并对测量结果进行校正。

（3）实验结束，应让秒表继续走动，以松弛发条。

8. 数字毫秒计

数字毫秒计是以 MCS-51 单片机为核心的智能化数字测量仪表，具有测频、测周期、计时，测转速、计数等功能。

9. 温度计

物理实验中测量温度的常用温度计有液体温度计、热电偶温度计、电阻温度计和干湿球温度计等。

1）液体温度计

以液体为测温物质，利用液体热胀冷缩的特性制成的温度计称为液体温度计。常用的测温物质有水银、酒精等，水银温度计应用最广。水银温度计结构简单，读数方便。由于水银与玻璃管壁不相黏附，且在标准大气压，温度为 $-38.87 \sim +356.58℃$ 条件下，膨胀系数变化很小，因而测温范围广。

实验室使用的一般水银温度计，最小分度值为 $1℃$，有些精确的水银温度计最小分度值可为 $0.1℃$，作为标准用的温度计最小分度值可做到 $0.01℃$。一等标准水银温度计的测温范围为 $-30 \sim +300℃$，分度值为 $0.05℃$。

2）热电偶温度计

热电偶温度计的测温原理是利用温差电动势与温差的比例关系。热电偶是由两种不同的金属（或合金）彼此焊接成的一闭合回路。温差电动势与温差的一级近似关系是

$$\varepsilon = c(t - t_0)$$

其中，t 是热端温度；t_0 是冷端温度（通常取冰点温度）；c 为温差系数，与热电偶材料有关。先标定出电动势与温度的分度关系曲线，即可用热电偶测量温度。

热电偶测量范围广（$-200 \sim 2000$ ℃），灵敏度高，可测量很小范围内的温度变化。

3）电阻温度计

电阻温度计包括金属电阻温度计和半导体温度计。金属和半导体的电阻值都随温度的变化而变化，当温度升高1℃时，有些金属的电阻要增加 $0.4\% \sim 0.6\%$，而有些半导体则减少 $3\% \sim 6\%$，因此，可以利用它们的电阻值随温度的变化来测量温度，电阻温度计测量范围在 $-200 \sim 1000$℃ 之间。

4）干湿球温度计

干湿球温度计由两支相同的温度计 A 和 B 组成（见图 3.1-14），温度计 B 的储液球上裹着细纱布，纱布的下端浸在水槽内。由于水蒸发而吸热，使温度计 B 所指示的温度低于温度计 A 所指示的温度。环境空气的湿度小，水蒸发就快，吸收的热量就多，两支温度计所指示的温度差就大；反之，环境空气的湿度越大，水蒸发得就越慢，吸收的热量就越少，两支温度计所指示的温度差就小。读出两支温度计所指示的温度差，并转动干湿球温度计中间的转盘查找出该温度差对应的环境的相对湿度。

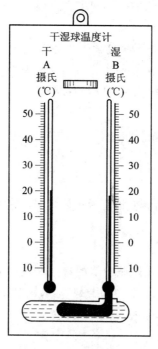

图 3.1-14 干湿球温度计

3.2 电磁学常用仪器

电磁学实验离不开电源和各种电测器具、器件，常用的电磁器件及测量器具包括电源、标准电池、开关、电阻器、各类电表以及示波器等。

1. 电源

电源是把其他形式的能量转变为电能的装置，分为交流电源和直流电源两大类。

1）交流电源

交流电源用符号"～"或"AC"表示。常用的交流电源有两种，一种是单相 220 V，另一种是三相 380 V，频率都是 50 Hz。使用时要注意安全，人体的安全电压是 36 V，超过 36 V，人触及就有麻木的感觉，电压再高就会危及生命。

常用的交流电源由电网或电网经变压器后供给，而电网电压的波动很大，一般为 10%，若实验对电压的稳定性要求较高，则需接交流稳压器。

交流电表的读数指示的是其有效值，例如，～220 V 是指其有效电压为 220 V，其峰值电压为 $\sqrt{2} \times 220 = 310(V)$。

2）直流电源

直流电源用符号"－"或"DC"表示。常用的直流电源有干电池、蓄电池和直流稳压电源等，一般用"＋"或红色表示正极，用"－"或黑色、无色表示负极；干电池的中央为正极，边缘为负极。使用直流电源时，正、负极不能接反，同时严禁将正、负极短路。

干电池和蓄电池是将化学能转变为电能的装置。干电池适用于耗电少的情况，实验室常用的干电池电动势为 1.5 V。蓄电池可反复充电。

直流稳压电源是将交流电变成直流电的电子仪器，具有电压稳定性好、功能大、输出连续可调、使用方便等优点，实验中使用较多。

2. 标准电池

标准电池是实验室常用的电动势标准器，标准电池分为饱和标准电池和非饱和标准电池两种。详见"实验 7 电位差计测电动势"的介绍。

3. 开关

电路中常用开关接通或切断电源，或变换电路。实验室常用的开关种类有：单刀单掷开关、单刀双掷开关、双刀双掷开关、按键开关和双刀换向开关等，符号如图 3.2-1 所示。

单刀单掷　　单刀双掷　　双刀双掷　　按键开关　　双刀换向

图 3.2-1　各种开关

4. 电阻器

电阻器可分为固定电阻和可变电阻两大类，实验中常用的电阻器有滑线变阻器、旋转式电阻箱和插塞式电阻箱。

1）滑线变阻器

滑线变阻器的构造和符号如图 3.2-2 所示，电阻丝密绕在绝缘瓷管上，两端固定在接线柱 A、B 上。电阻丝上涂有绝缘漆，使圈与圈之间相互绝缘。瓷管上方装有一根和瓷管平行的金属棒，一端有接线柱 C，棒上面的滑动块（也称滑动触头）D 可以在棒上左右滑动，且与电阻丝保持良好接触。滑动触头与电阻丝接触处的绝缘漆已被刮掉，所以当滑动触头左右滑动时，可以改变 A、C 或 B、C 之间的电阻值。

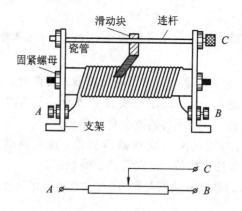

图 3.2-2 滑线变阻器和它在电路图中的符号

滑线变阻器的铭牌上标有"阻值"和"额定电流"。阻值就是整根电阻丝的电阻值,即 R_{AB};额定电流是指电阻丝所能承受的最大电流,超过此规定值,电阻丝就会发热,甚至被烧毁。因此,在实验时应合理选择滑线变阻器的规格。

滑线变阻器可以作为可变电阻使用,也可以作为分压器使用,在作为可变电阻时,只需将 A、C 或 B、C 两个接线柱接入电路。若接入的是 A、C 两接线柱,则当滑动块滑向 A 端时电阻变小,滑向 B 端时,电阻变大。变阻器上所附的标尺用来估算接入电阻的阻值。在作为分压器使用时,A、B 两端接至待分电压上,所分电压由 A、C 或 B、C 接出,移动滑块,可以改变所分电压的大小。

2) 旋转式电阻箱

ZX21 型旋转式电阻箱如图 3.2-3 所示。它具有 6 个旋钮,电阻值可变范围为 $0\sim99999.9\ \Omega$。

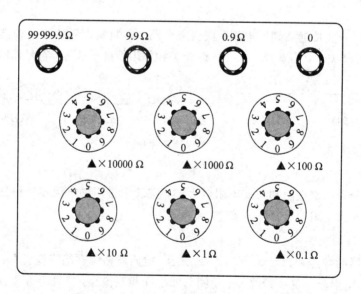

图 3.2-3 ZX21 型旋转式电阻箱面板图

ZX21 型旋转式电阻箱内部的线路连接如图 3.2-4 所示。它同 9 个 $0.1\ \Omega$、9 个 $1\ \Omega$、9 个 $10\ \Omega$、9 个 $100\ \Omega$、9 个 $1000\ \Omega$ 和 9 个 $10\ 000\ \Omega$ 的精密电阻串联组成 6 个进位盘,并由

转换开关将其中一部分或全部接到接线柱之间。若要得到 87654.3 Ω 的电阻，只要将"×10000"的旋钮转向 8，"×1000"的旋钮转向 7，"×100"的旋钮转向 6，"×10"的旋钮转向 5，"×1"的旋钮转向 4，"×0.1"的旋钮转向 3，则接线柱"0"和"99999.9 Ω"之间的电阻就是 87654.3 Ω。当电阻小于 0.9 Ω 时，用"0"和"0.9 Ω"两个接线柱；当电阻大于 0.9 Ω 而小于 9.9 Ω 时，用"0"和"9.9 Ω"两个接线柱。这是为了减少转换开关的接触电阻，提高电阻精确度。大于 9.9 Ω 的电阻，用"0"和"99999.9 Ω"两个接线柱接出。

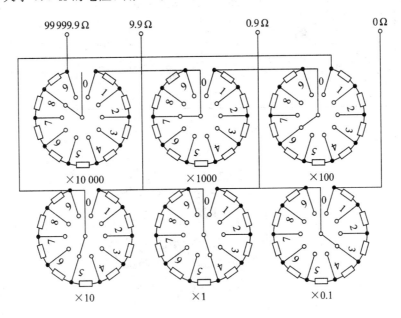

图 3.2-4　ZX21 型旋转式电阻箱的线路连接图

ZX21 型旋转式电阻箱的额定功率 P 为 0.25 W，根据

$$I = \sqrt{\frac{P}{R}}$$

可以求出电阻箱所能承受的最大电流。例如当电阻箱的电阻为 1000 Ω 时，允许通过的电流

$$I = \sqrt{\frac{P}{R}} = \sqrt{\frac{0.25}{1000}} = 0.016(\text{A})$$

可见，电阻越大时允许通过的电流越小，过大的电流会使电阻发热，从而使阻值不准确，甚至烧毁电阻箱。

　　3）插塞式电阻箱

　　507 型插塞式电阻箱如图 3.2-5 所示。它共有 5 行插孔，阻值可变范围为 0~9999.9 Ω。它内部的线路连接示意图如图 3.2-6 所示。许多标准电阻是串联的，每个电阻接在相邻的两个半圆形铜块上。当铜质插塞插入插孔时，相应的电阻就被接入电路，如图 3.2-6 所示的电阻箱的电阻 $R_{AB} = 21$ Ω。若要得到 831.5 Ω 的电阻，只要在图 3.2-5 中，在"×1000"一行中的"0"、"×100"一行中的"8"、"×10"一行中的"3"、"×1"一行中的"1"、"×0.1"一行中的"5"这些插孔中插入插塞，则接线之间的电阻就是 831.5 Ω。

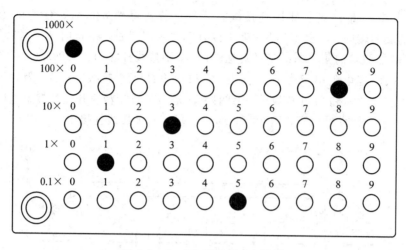

图 3.2-5　507型插塞式电阻箱

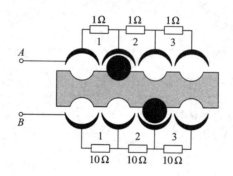

图 3.2-6　插塞式电阻箱的线路连接示意图

5. 电表

物理实验室中所用的电表，几乎全是磁电式电表。磁电式电表是根据永久磁铁的磁场对置于其中的载流线圈施加磁力矩的原理制成的。为保证力矩方向不变，只适于直流测量。如果要作为交流测量，则表内要附加整流器。

磁电式电表的基本构造如图 3.2-7 所示。一个可以转动的线圈在永久磁铁的磁场中，当被测电流通过线圈时，由于线圈在磁场中受到磁力矩的作用而发生偏转。同时，与线圈轴固定在一起的游丝(铁青铜薄带盘绕成的小弹簧)因线圈偏转而发生形变，产生反抗力矩。当游丝反抗力矩等于磁力矩时，线圈(连同固定在线圈上的指针)就停在某一位置。指针转过的角度与通过线圈的电流成正比，因而在标度盘上可直接标出电流的大小。

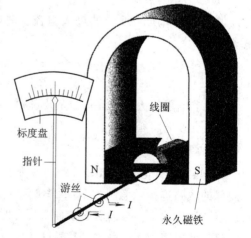

图 3.2-7　磁电式电表的构造

1）磁电式电表

磁电式电表一般分为检流计、电流表和电压表三个种类。

（1）检流计。检流计专门用来检验电路中有无微小电流。为了在微小电流作用下线圈能发生明显偏转，需要匝数 N 很大、绕制检流计线圈的漆包线很细，所以允许通过检流计的电流很小。检流计的灵敏度很高，一般为 $10~\mu A$/小格。检流计的标度盘上通常标有字母"G"。

J0409 型检流计外形如图 3.2-8 所示。它有"一"、"G_0"和"G_1"三个接线柱。"G_0"内阻约为 $100~\Omega$，"G_1"在表头和接线柱之间串联了一个 $2900~\Omega$ 的保护电阻，内阻约为 $3000~\Omega$，所以"G_0"灵敏度比"G_1"高。电流由"G_0"或"G_1"流入，由"一"流出。

（2）电流表。电流表按量程可分为微安表（μA）、毫安表（mA）和安培表（A）。电表厂一般只制造若干种规格的微安表和毫安表（称为表头），然后在表头上并联阻值不同的分流电阻，就可以构成量程不同的电流表。分流电阻越小，电流表的量程就越大。图 3.2-9 是 J-DB3X 型安培表的外形。

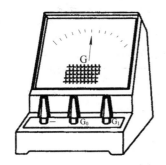

图 3.2-8　J0409 型检流计

图 3.2-9　J-DB3X 型安培表

（3）电压表。电压表按量程可以分为毫伏表（mV）、伏特表（V）和千伏特表（kV）。在表头上串联阻值不同的分压电阻，就可以构成量程不同的电压表。分压电阻越大，电压表的量程越大。图 3.2-10 是 C19-V 型伏特表的外形。

使用电流表和电压表时应注意以下几点：

（1）电流表是用来测量电流的，使用时应串联在电路中；电压表是测量一段电路两端电压的，使用时应与待测电路并联。对直流电流表和电压表，必须注意正负极不能接错，"＋"极应接在电位高的一端，"－"极应接在电位低的一端。

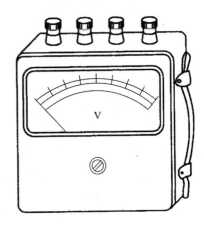

图 3.2-10　C19-V 型伏特表

（2）根据待测电流或电压的大小，选择合格的量程。若量程小于待测值，则过大的电流或电压会使电流表或电压表损坏；若量程太大，则指针偏转太小，将产生较大误差。若测量值大小不明，则可由最大量程试起，直到指针可偏转到标度盘的 $1/2\sim 2/3$ 为宜。

（3）读数时应使视线垂直于电表表面。对于表面附有镜子的电表，读数时应使指针和它的像重合。

(4) 表面上一般附有"零点调整螺丝"，使用电表前应先检查指针是否对准"0"，如有偏差，可以用小螺丝刀缓慢地转动此螺丝，使指针指在"0"上。

2）电表的等级

根据我国国标(GB)规定，电表的等级分为以下 7 级：0.1，0.2，0.5，1.0，1.5，2.5，5.0。

如果用 A 表示电表的量程，用 K 表示电表的等级，那么当电表的指针指示某测量值时，该测量值的最大绝对误差为

$$\Delta N = A \times K\%$$

例如，量程 15 mA，等级为 1.0 级的毫安表，那么当电表的指针指示某一测量值时，该测量值的最大绝对误差为

$$\Delta n = 15 \times 1.0\% = 0.15(mA)$$

3）电表标度盘各种符号的意义

表 3.2 -1 为国家规定的电气仪表的主要技术性能在电气仪表面板上的标记。使用电表前，应先认真阅读有关标记，以便正确使用。

表 3.2 - 1　常见电气仪表面板上的标记

名　　称	符号	名　　称	符号
指示测量仪表的一般符号	○	磁电系仪表	∩
检流计	G	静电系仪表	=
安培表	A	直流	—
毫安表	mA	交流（单相）	∼
微安表	μA	直流和交流	≃
伏特表	V	以标度尺量限百分数表示的准确度等级，例如 1.5 级	1.5
毫伏表	mV	以指示值百分数表示的准确度等级，例如 1.5 级	⓵.5
千伏表	kV	标度尺位置为垂直的	⊥
欧姆表	Ω	标度尺位置为水平的	⊓
兆欧表	MΩ	绝缘强度（试验电压为 2 kV）	☆
负端钮	—	接地用端钮	⊥
正端钮	+	调零器	⌒
公共端钮	*	Ⅱ级防外磁场和电场	Ⅱ

6. 示波器

示波器是一种用途非常广泛的电子仪器，它可以将看不见的电压信号转换成可视的图像，可测量动态信号，观察电压和电流的波形，凡是能变成电压或电流的其他电量和非电量都可以用示波器测量。详见"实验4 运用示波器显示李萨如图形"的介绍。

3.3 光学常用仪器

光学仪器用来帮助人们观察和测量物体，放大或缩小物体的成像，并可实现非接触式高精度测量，如利用光的干涉、衍射以及反射、折射等现象进行的精密测量。常用的光学仪器有望远镜、读数显微镜、分光仪等，常用的光源有白炽灯、钠灯、汞灯和氦-氖激光器等。

由于光学仪器是比较精密的仪器，它的光学元件及机械部分较易损坏，因而在使用前应详细了解仪器的使用方法和操作要求，严禁盲目、粗鲁操作，严禁私自拆卸仪器。光学元件大多都是光学玻璃制品，使用时要轻拿轻放，严禁触摸光学元件表面。必须用手拿光学元件时，只能接触非光学元件表面部分，即磨砂面，如拿透镜的边缘、棱镜的上下底面等。光学元件表面上若有灰尘或污痕，可用实验室专用的脱脂棉、镜头纸轻轻擦去或用吹气球清除，不能用手擦或用嘴吹。

1. 望远镜

望远镜有增大视角的作用，利用望远镜可以观察远方的物体，详见"实验1 金属杨氏模量的测定"中的介绍。

2. 分光仪

分光仪是精确测定光线偏转角度的仪器，也是摄谱仪等专用仪器的基础，详见"实验11 分光仪的调整和玻璃折射率的测定"中的介绍。

3. 白炽灯

白炽灯是具有热辐射连续光谱的复色光源，以钨丝为发光体，灯泡内充有惰性气体，一般用于照明。白炽灯有钨丝灯、碘钨灯、卤钨灯等。

4. 钠灯

钠灯是一种气体放电灯，发光物质为钠蒸气，发光波长为 589.0 nm 和 589.6 nm，平均波长为 589.3 nm，详见"实验10 干涉法测透镜的曲率半径"中的介绍。

5. 汞灯

汞灯也是一种气体放电灯，发光物质为汞蒸气，常温下汞灯不易点燃，故灯管内常充以辅助气体氩气。汞灯紫外线辐射较强，不可直视，以保护眼睛。汞灯分低压汞灯、高压汞灯和超高压汞灯三种。汞灯光谱线波长参阅附录1中的表11。

汞灯发光的基本过程分为三步：① 电子发射并被阴极和阳极间的电场加速；② 高速运动的电子与汞蒸气原子碰撞，电子的动能转移给汞原子使汞原子激发；③ 受激汞原子返回基态，辐射发光。

通常在一个大气压或小于一个大气压下工作的汞灯称为低压汞灯，其辐射能量几乎集中于 253.7 nm 这一谱线上，因此，只能作为紫外光源使用。

高压汞灯工作时的汞蒸气压可达几个大气压。增加管内汞蒸气压可提高灯的发光效率，从而大大提高灯的亮度，并且会有更多的谱线被激发。在高压汞灯的总辐射中约有37%是可见光，其中一半以上集中在四根汞的特征谱线上。因此高压汞灯是光学实验中比较理想的标准光源。

一般高压汞灯的构造如图3.3－1所示。在真空的圆柱形石英玻璃管的两端各有一主电极，在一个主电极旁还有一辅助电极，辅助电极通过一只40～60 kΩ的高电阻 R 与不相邻的主电极相接。为了使主电极易于发射出电子，主电极上涂有氧化物。管内充有汞和少量氩气。在石英管外还有一硬质玻璃外壳，起保温和防护作用。

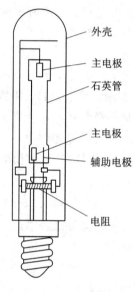

外壳

主电极

石英管

主电极

辅助电极

电阻

图 3.3－1　高压汞灯

高压汞灯的工作电路如图3.3－2所示。当汞灯接入电路后，辅助电极与相邻主电极之间加有220 V的交流电压。由于这两个电极相距很近（通常只有2～3 mm），所以它们之间有很强的电场，在此强电场作用下，两电极间气体被击穿，发生辉光放电，放电电流由电阻 R 限制。辉光放电产生了大量的电子和离子，这些带电粒子在两主电极电场作用下，很快产生繁流过程，并过渡到两主电极之间的弧光放电。刚点燃时，是低压汞蒸气和氩气放电，随着灯管温度升高，汞逐渐气化，汞蒸气压和灯管电压逐渐升高，放电逐步过渡到高（气）压电弧放电。当汞全部蒸发后，管压开始稳定，灯管发光正常。由此可见，高压汞灯从启动到正常发光需要一段预热、点燃时间，这段时间通常需要5～10 min。启动电流比工作电流大。高压汞灯点燃后，遇突然断电，如立即启动，常常不能点燃。因为灯熄灭后，内部还保持着较高的汞蒸气压，要等灯管冷却，汞蒸气凝结后才能再次点燃，冷却过程亦需

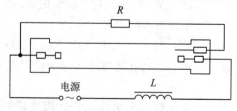

R

电源

L

图 3.3－2　高压汞灯的工作电路

5～10 min。为了克服气体弧光放电过程中负的电阻效应，即随着管中电流增加，管压下降，引起电流进一步增大，使灯管不能稳定工作，甚至被烧毁，在电路中应根据灯管工作电流，选用适当的限流器 L，以稳定灯管的工作电流。实验室中常用的高压汞灯的主要参数如表 3.3-1 所示。

表 3.3-1　实验室中常用的高压汞灯的主要参数

型号	功率/W	工作电压/V	工作电流/A	启动电流/A	外径/mm	极距/mm	备注
GGQ50	50	95	0.62	1.0			仪器用
GGQ80	80	110	0.85	1.3			
GGH120	120	115	1.1	1.0	10	30	作光谱灯及荧光分析用
GGZ125	125	115	1.2	1.8	10	30	
GGZ300	300	120	2.3	3.8～4.5	18	102	紫外线照射用
GGZ500	500	125	2.4	6.5～7.0	20	152	

6. 氦-氖激光器

激光是 20 世纪 60 年代出现的新型光源，和普通光源相比，激光具有光谱亮度高、能量高度集中、方向性好、单色性好和相干性好等特点，已得到广泛应用。

激光器有氦-氖激光器、氦-镉激光器、氩离子激光器、二氧化碳激光器、红宝石激光器、染料激光器、准分子激光器和自由电子激光器等，实验室常用的是氦-氖激光器。

氦-氖激光器的工作物质是氖，辅助物质是氦，发光波长为 632.8 nm，输出功率为几毫瓦到十几毫瓦。激光束光波能量集中，切勿迎着激光束直接观看。由于激光器两端加有上千伏的高压，操作时应严防触及，以免造成电击事故。

第四章　力学和热学实验

实验 1　金属杨氏模量的测定

杨氏模量是反映材料在外力作用下发生形变难易程度的物理量，仅与材料有关，而与材料的形状、长短无关。作为表征固体材料抵抗形变能力的重要物理量，杨氏模量是选定机械构件材料的依据之一，也是工程技术中常用的参数，在工程技术中有着重要的意义。测定杨氏模量的方法有拉伸法、梁的弯曲法、振动法和内耗法等，本实验采用拉伸法测定杨氏模量。

一、实验目的

(1) 掌握拉伸法测定钢丝的杨氏模量的方法。

(2) 理解用光杠杆测量微小伸长量的原理。

(3) 学会用逐差法处理数据。

(4) 学会用作图法处理数据。

二、实验仪器

杨氏模量仪、光杠杆、读数望远镜、螺旋测微计、卷尺、标尺、钢丝、大砝码一套(每个砝码质量为 0.5 kg 或 1 kg)。

三、实验仪器简介

实验装置如图 4.1-1 所示，主要由下述三部分组成。

1. 杨氏模量仪

杨氏模量仪如图 4.1-1 右边所示。在一较重的三脚底座上固定有两根立柱，在两立柱上装有可沿立柱上、下移动的横梁和平台，被测金属丝的上端夹紧在横梁夹子 1 中，下端夹紧在夹子 2 中，夹子 2 能在平台 4 的圆孔内上下自由运动。其下面有砝码托 5，用来放置拉伸金属丝的砝码，当砝码托上增加或减少砝码时，金属丝将伸长或缩短 ΔL，夹子 2 也跟着下降或上升 ΔL，光杠杆 3 放在平台 4 上。

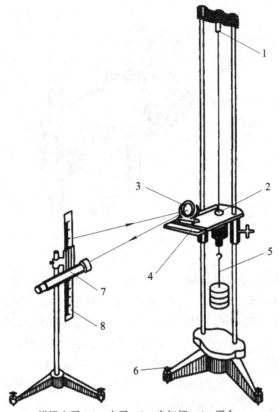

1—横梁夹子；2—夹子；3—光杠杆；4—平台；
5—砝码托；6—水平调节螺旋；7—望远镜；8—标尺

图 4.1-1 杨氏模量仪和光杠杆

2. 光杠杆

光杠杆是利用放大法测量微小长度变化的常用仪器，有很高的灵敏度。其结构如图 4.1-2(a)所示，平面镜垂直装置在"T"形架上，"T"形架由构成等腰三角形的三个足尖 A、B、C 支撑，A 足到 B、C 两足之间的垂直距离 K 可以调节，如图 4.1-2(b)所示。

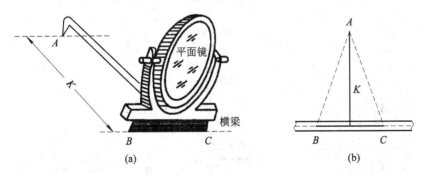

图 4.1-2 光杠杆

测量时光杠杆的放置如图 4.1-3 所示，将两前足 B、C 放在固定平台 4 前沿槽内，后足尖 A 搁在夹子 2 上，用图 4.1-1 左边的望远镜 7 及标尺 8 测量平面镜的角偏移就能求出金属丝的伸长量。

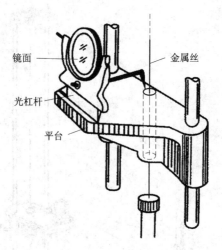

图 4.1-3 光杠杆的放置

光杠杆测量微小伸长的原理如图 4.1-4 所示，金属丝没有伸长时，平面镜垂直于平台，其法线为水平直线，望远镜水平地对准平面镜，从标尺 r_0 处发出的光线经平面镜反射进入望远镜中，并与望远镜中的叉丝对准。当砝码托上加砝码后，金属丝受力而伸长 ΔL，夹子 2 跟着向下移动 ΔL，光杠杆足尖 A 也跟着向下移动 ΔL。这样，平面镜将以 BC 为轴，K 为半径转过一个角度 α，镜面的法线也由水平位置转过 α 角。由光的反射定律可知，这时从标尺 r_1 处发出的光线(与水平线夹角为 2α)经平面镜反射进入望远镜中，并与叉丝对准，望远镜中两次读数之差 $l = |r_1 - r_0|$，由图 4.1-4 可得

$$\tan\alpha = \frac{\Delta L}{K}, \quad \tan2\alpha = \frac{l}{D} \tag{4.1-1}$$

D 为标尺与平面镜之间的距离。实际测量过程中 α 很小，所以

$$\alpha = \frac{\Delta L}{K}, \quad 2\alpha = \frac{l}{D} \tag{4.1-2}$$

消去 α，得

$$\Delta L = \frac{Kl}{2D} \tag{4.1-3}$$

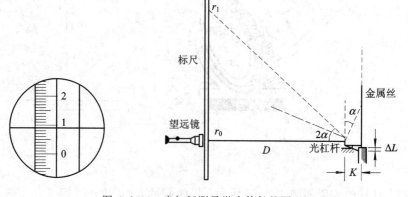

图 4.1-4 光杠杆测量微小伸长的原理

这样，通过平面镜的旋转和反射光线的变化就把微小位移 ΔL 转化为容易观测的大位移 l，这与机械杠杆类似，所以把这种装置称为光杠杆。

3. 读数望远镜

读数望远镜的构造如图 4.1-5 所示，主要由物镜、内调焦透镜、目镜和叉丝组成。物镜将物体发出的光线汇聚成像。叉丝用作读数的标准。目镜用来观察像和叉丝，并对像和叉丝起放大作用。调节螺旋 A，改变目镜与叉丝之间距离，可使叉丝成像清晰。调节安装在望远镜筒侧面的螺旋 B，改变内调焦透镜与物镜之间的距离，可使标尺成像清晰。

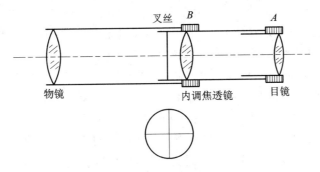

图 4.1-5　读数望远镜结构及十字叉丝

四、实验原理

在外力作用下，固体所发生的形状变化称为形变。形变分为弹性形变和范性形变。加在物体上的外力撤去后，物体能完全恢复原状的形变称为弹性形变；加在物体上的外力撤去后物体不能完全恢复原状的形变，称为范性形变。

弹性形变中，最简单的形变是棒状物体受到外力后的伸长或缩短。设一物体长为 L，截面积为 S，两端受拉力（或压力）F 后，物体伸长（或缩短）ΔL。比值 $\dfrac{F}{S}$ 是加在物体单位面积上的作用力，称为应力，比值 $\dfrac{\Delta L}{L}$ 是物体的相对伸长，称为应变。根据胡克定律，在弹性限度内，应力与应变成正比，即

$$\frac{F}{S} = E \frac{\Delta L}{L} \tag{4.1-4}$$

比例系数 E 称为杨氏弹性模量，简称杨氏模量。实验证明，杨氏模量与外力 F、物体的长度 L 和截面积 S 的大小无关，而只取决于物体的材料性质。

由式（4.1-4）得

$$E = \frac{FL}{S \Delta L} \tag{4.1-5}$$

在国际单位制中，E 的单位为 N/m^2。只要测出 F、L、S 和 ΔL，就可求出杨氏模量。通常 ΔL 量值很小，直接测量很难得出准确数值，故实验中，要用光杠杆将 ΔL 放大，以便于测量，提高测量精确度。

根据胡克定律，将式（4.1-3）代入式（4.1-5），得

$$E = \frac{2DFL}{SKl} \tag{4.1-6}$$

本实验就是根据式(4.1-6)求出钢丝的杨氏模量 E。

五、实验步骤

(1) 把光杠杆放在纸上，使刀片 BC 和足尖 A 在纸上压出印痕，用细铅笔作 A 到 BC 的垂线，用卷尺量出 A 到 BC 的距离 K。

(2) 观察杨氏模量仪平台上所附的水准仪，仔细调节杨氏模量仪底座上的水平调节螺旋6，使平台处于水平状态(即令水准仪上的气泡处于正中央)，以免夹子2在下降(或上升)时与外框发生摩擦，保证砝码的重力完全用来拉伸钢丝。然后在砝码托上加 1.0 kg 砝码，将钢丝拉直(此重量不计在外力 F 内)，用卷尺测出横梁夹子1上的紧固螺钉的下边缘与夹子2的紧固螺钉的上表面之间的钢丝长度，这就是钢丝的原长度 L；再用螺旋测微计在钢丝的不同部位、不同方向测量6次直径 d，求其平均值 $\bar{d}$ 和截面积 S。

(3) 把光杠杆放在平台上，转动平面镜，用目测粗调，使镜面与平台垂直。

(4) 移动望远镜，使标尺与光杠杆平面镜之间的距离约为 110.00 cm。

(5) 调节望远镜，使其光轴成水平状态，并使镜筒与平面镜等高。然后仔细调节望远镜和平面镜的方向，使得标尺经过平面镜反射后的像刚好处于望远镜的视场中。这一点初学者不易做到，下面介绍一种简便易行的调节方法：眼睛在望远镜目镜附近，不经过望远镜而直接观察平面镜，如在平面镜内看不到标尺的像，可稍微转动一下平面镜，使镜面法线严格成水平状态，倘若仍观察不到，可将望远镜镜架稍微左右移动一下，总之应先用肉眼看到标尺的像，然后通过望远镜观察，一般均能看到标尺的像。此时像可能不太清晰，无法读数，可调节望远镜筒上的螺旋 B，待标尺上的刻度和数字均很清晰后再调节螺旋 A，使叉丝的像也很清晰，这时标尺的像可能又较模糊，应反复仔细地调节螺旋 A、B，使标尺和叉丝的像同时清晰。

(6) 为了保证标尺的像被平面镜水平地反射到望远镜中，应调整望远镜下面的螺旋以调节望远镜筒的倾角，使镜筒处于水平状态。必要时还应稍微转动一下小平面镜，使落在叉丝上的标尺像的刻度 r_0 大体等于望远镜镜筒处的标尺刻度，记下 r_0。

(7) 逐渐增加砝码托上的砝码(加减砝码时应轻放轻取)，每次增加1个砝码，共加5次，记下望远镜中叉丝处标尺像的刻度数 r_1，r_2，…，r_5，连同 r_0 共是6个读数，然后每次减去1个砝码，记下对应的刻度数 r'_4，r'_2，…，r'_0，求出两组对应读数的平均值 $\bar{r}_0$，$\bar{r}_1$，…，$\bar{r}_4$ 连同 r_5 共得6个数据。

(8) 采用逐差法处理数据：为使每个测量值都起作用，将数据分为前后两组，$\bar{r}_0$、$\bar{r}_1$、$\bar{r}_2$ 为一组，$\bar{r}_3$、$\bar{r}_4$、$\bar{r}_5$ 为一组，求出 $l_1=\bar{r}_3-\bar{r}_0$，$l_2=\bar{r}_4-\bar{r}_1$，$l_3=\bar{r}_5-\bar{r}_2$，其中 l_1、l_2、l_3 对应的是拉力变化3个砝码重力时相应的标尺读数之差，求出它们的平均值 $\bar{l}$。

(9) 用卷尺测出平面镜与标尺之间的距离 D，测量时应注意使卷尺保持水平拉直状态。

(10) 由式(4.1-6)计算钢丝的杨氏模量 E。

六、测量记录和数据处理

(1) 将测量6次直径的数据计入下表中。

测量次数	1	2	3	4	5	6
d/mm						

钢丝直径：$\bar{d}=$ _____　　　　　钢丝原长度 $L=$ _____

$\qquad\qquad D=$ _____　　　　　　　　$K=$ _____

（2）望远镜中的读数及 $\Delta F=3$ 倍砝码重力的读数差。

次数	砝码质量 F/kg	望远镜中的标尺读数/mm			3 倍砝码重力的 读数差 l_i
		加砝码 r_i	减砝码 r_i'	平均值 $\bar{r}_i$	
0		$r_0=$	$r_0'=$	$\bar{r}_0=$	$l_1=$
1		$r_1=$	$r_1'=$	$\bar{r}_1=$	$l_2=$
2		$r_2=$	$r_2'=$	$\bar{r}_2=$	$l_3=$
3		$r_3=$	$r_3'=$	$\bar{r}_3=$	
4		$r_4=$	$r_4'=$	$\bar{r}_4=$	$\bar{l}=\dfrac{1}{3}(l_1+l_2+l_3)$ $=$
5		$r_5=$	$r_5'=$		

（3）逐差法处理数据，计算 $\bar{l}$。

（4）由式(4.1-6)计算杨氏模量：

$$E=\frac{2DFL}{SK\bar{l}}=\quad \text{N/M}^2$$

思 考 题

1. 由 $\Delta L=\dfrac{Kl}{2D}$ 得 $\dfrac{l}{\Delta L}=\dfrac{2D}{K}$，$\dfrac{l}{\Delta L}$ 称为光杠杆的放大率，求出本实验光杠杆的放大率。

2. 材料相同，粗细、长度不同的两根钢丝，杨氏模量是否相同？

3. 根据胡克定律，r_i 和 r_i' 应该有什么关系？当每次加减砝码的质量相同时，读数 r_i 和 r_i' 应有什么规律？如何判断你的实验数据是否合理？

4. 杨氏模量和弹性系数有什么关系？

实验 2　模拟制冷系数测定

19 世纪上半叶，人们从理论上研究了如何提高热机效率。1824 年，法国青年工程师卡诺提出了一种理想制冷机。这种制冷机的工质只与两个恒温热源交换能量，并且不存在散热、漏气和摩擦等因素，称为逆卡诺制冷机，其循环称为逆卡诺循环。逆卡诺循环是由两个等温过程和两个绝热过程组成的，其制冷效率只与高、低温热源的温度有关，与工质性质无关。逆卡诺循环在理论上指出了提高制冷效率的可靠途径，并由此奠定了热力学第二定律的基础。

长期以来，热学实验始终是物理实验中的一个薄弱环节，学生的许多热学知识往往仅限于书本中所学到的。本实验通过介绍电冰箱的制冷原理，将一些热学的基本知识，如热力学定律，等温、等压、绝热、循环等过程，以及焦耳-汤姆孙实验等，作了综合性应用，使学生在加深对热学基本知识理解的同时，得到理论与实际、学与用相结合的锻炼。

一、实验目的

（1）培养学生理论联系实际、学与用相结合的实际工作能力。

（2）学习电冰箱的制冷原理，加深对热学基本知识的理解。

（3）测量电冰箱的制冷系数。

二、实验仪器

模拟电冰箱制冷系数测定装置（MB-Ⅳ型）、功率因数表、酒精。

三、实验仪器简介

制冷系统（见图 4.2-1）采用成品的冰箱压缩机组、冷凝器（散热器）、干燥器、毛细管，内部充有制冷剂 F12（氟利昂），冷冻室为一广口真空保温瓶（杜瓦瓶），内有蒸发器（吸热器）、电加热器、电动搅拌器、温度计探头。为在实验时方便控制和测量读数，还有电源开关、电压表、电流表、压力表、调压变压器等装置。模拟电冰箱制冷系数测量装置的前面板示意图如图 4.2-2 所示。

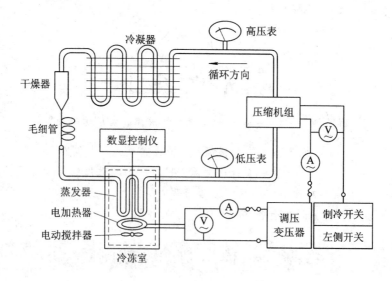

图 4.2-1　制冷系统原理图

（1）冷冻室。在杜瓦瓶中盛有 $\frac{2}{3}$ 深度的含水酒精作冷冻物；用蛇形管蒸发制冷剂吸热；用加热器平衡制冷剂蒸发时的热量，并用马达带动搅拌器使冷冻室内温度均匀，温度计用

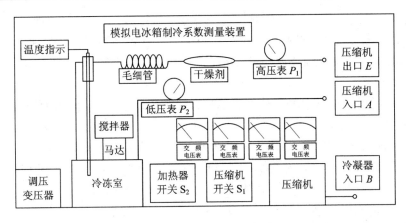

图 4.2-2 前面板示意图

于读出冷冻室内含水酒精的温度，以判定是否已达到了热平衡。

（2）冷凝器。即散热器。在实验装置的背后，连接"冷凝气入口 B"和"压缩机出口 E"。

（3）干燥器和毛细管。干燥器内装有吸湿剂，用于滤除制冷剂中可能存在的微量水分和杂质，防止在毛细管中产生冰脏物的堵塞。内径小于 0.2 mm 的毛细管用于制冷剂节流膨胀，产生焦耳-汤姆孙效应。

（4）压缩机和电流表。压缩机压缩制冷剂使其压力由低变高。电流表用于监测压缩机的工作电流，当电流远大于 1 A 时，制冷系统可能有堵塞情况发生，电流表后装有通电延时器，以防止压缩机启动时电流过载。

小型电冰箱压缩机组的内部包括压缩机和电动机两部分，由电动机带动压缩机做功。电动机因种种损耗，输向压缩机的功率小于输入电动机的电动率 $P_{电}$。其效率 $\eta_{电} \approx 0.8$；压缩机也因种种损耗，用于压缩气体的功率小于电动机输向压缩机的功率，其效率 $\eta_{压} \approx 0.65$。因此，压缩机对制冷剂做功的功率 P（简称压缩机功率）为

$$P = \eta_{电}\, \eta_{压}\, P_{电} = 0.52 P_{电}$$

（5）接线柱 I、U、* 和调压变压器。接线柱共两组，$I_{加}$、$U_{加}$、* 组用于接至测量加热功率的功率因数表，$I_{电}$、$U_{电}$、* 组用于接至测量压缩机电功率的功率因数表。调压变压器用于调节加热电压 $U_{加}$，以改变加热功率。

（6）电源开关。开关 S_1（右侧）为压缩机电源开关，S_2（左侧）为加热器电源开关。

四、实验原理

（1）制冷的理论基础。热力学第二定律指出：不可能把热量从低温物体传到高温物体而不引起外界的变化，因此，只能通过某种逆向热力学循环，外界对系统做一定的功，使热量从低温物体（冷端）传到高温物体（热端）见图 4.2-3，即

$$Q_2 = Q_1 - W$$

电冰箱对循环系统冷端的利用，称制冷机。

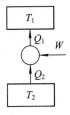

图 4.2-3 热量从冷端传到热端

（2）制冷的方式。制冷可利用熔解热、升华热、蒸发热、珀尔帖效应等方式完成。电冰箱是用氟利昂作制冷剂的，当氟利昂在蒸发器里大量蒸发（实际是沸腾，但在制冷技术中习惯称为蒸发）时，带走所需要的热量，从而达到制冷目的。因此，电冰箱是一种利用蒸发热方式制冷的机器。

（3）制冷剂氟利昂。氟利昂是饱和碳氢化合物的氟、氯、溴衍生物的统称。本实验中使用的氟利昂12的分子式为CCl_2F_2。国际统一符号为F12。F12无色、无味、无臭、无毒，对金属材料无腐蚀性，容积浓度达到10%左右时，人体没有任何不适的感觉；但达到80%时，人会有窒息的危险。F12不燃烧、不爆炸，但其蒸汽遇到800℃以上的明火时，会分解产生对人体有害的毒气。F12的几个参数：沸点（1 atm）为−29.8℃，，凝固点（1 atm）为−155℃，临界温度为112℃，临界压力为4.06 MPa。

（4）电冰箱的制冷循环。电冰箱的制冷循环图如图4.2−4和图4.2−5所示。图4.2−4为循环示意图，图4.2−5表示在$P−U$图上的制冷循环过程。

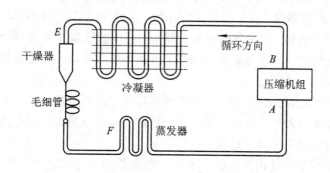

图 4.2−4　循环示意图

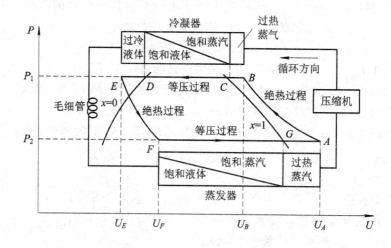

图 4.2−5　表示在$P−U$图上的制冷循环过程

从图4.2−5中可见，电冰箱的制冷循环主要有四个过程：压缩机压缩F12蒸汽，使低温低压蒸汽变为高温高压蒸汽；冷凝器（散热器）使高温高压蒸汽放热凝为中温高压液体；毛细管使中温高压液体节流膨胀为低温低压气液混合体，并不断供向蒸发器；蒸发器使F12液体吸热成低温低压蒸汽，从而达到制冷循环的目的。

四个过程的具体情况如下：

（1）压缩过程（绝热过程）。在压缩过程中，由于压缩机活塞的运动很快，可近似地看做与外界没有热量交换的绝热压缩。在 P-U 图中为 $A{\rightarrow}B$ 的一条绝热线，绝热线下的面积，即为压缩机对系统所做的功 W。

（2）冷凝过程（等压过程）。从压缩机排出的制冷剂刚进入冷凝器时是过热蒸汽（B 点），它被空气冷却成干饱和蒸汽（C 点），并进一步冷却成湿饱和液体（D 点），再进一步冷却成过冷液体直到 E 点。一般情况下，进入毛细管之前的制冷剂是过冷液体，这是等压过程，为冷凝压力 P_1。在 P-U 图中为 $B{\rightarrow}C{\rightarrow}D{\rightarrow}E$ 的一条水平线，在此过程中制冷剂放出热量 Q_1。

（3）减压过程（绝热过程）：制冷剂通过毛细管狭窄的通路时，由于摩擦和紊流，在流动方向产生压力下降，此即焦耳-汤姆孙节流过程，在 P-U 图中为 $E{\rightarrow}F$ 的一条绝热线。

（4）蒸发过程（等压过程）：从毛细管出口经过蒸发器进入压缩机吸入口为止的制冷剂，状态尽管有变化，其压力是不变的，都是蒸发压力 P_2。进入蒸发器的是制冷剂气液混合体（F 点），制冷剂在通过蒸发器的过程中从周围吸收热量，蒸发成干饱和蒸汽（G 点），再进一步变成过热蒸汽被压缩机吸入（A 点）。在 P-U 图中为 $F{\rightarrow}G{\rightarrow}A$ 的一条水平线。在此过程中制冷剂吸收热量 Q_2。

以上四个过程，构成电冰箱的制冷循环过程。

（5）制冷系数 ε：根据热力学第二定律，制冷机的制冷系数为

$$\varepsilon = \frac{Q_2}{W}$$

上式表示，压缩机对系统所做的功 W 越小，自低温热源吸取的热量 Q_2 越多，则制冷系数 ε 越大，就越经济。制冷系数是反映制冷机制冷特性的一个参数，它可以大于 1，也可以小于 1。

如果把制冷机看做逆向卡诺循环机，则制冷系数

$$\varepsilon = \frac{T_2}{T_1 - T_2}$$

由此可见，T_1、T_2 越接近，即冷冻室的温度与室温越接近时 ε 越大，这样消耗同样的功率，就可以获得较好的制冷效果。所以，冰箱里没有需要深度冷冻的物品时，不必将冷冻室的温度调得很低，一般保持在 $-5\,℃$ 左右即可，这样可以省电。

五、实验步骤

（1）对照实物，认清实验仪器的各个部分，搞清楚它们的作用。

（2）将仪器置于稳固的桌面或台面上，调整四个底脚螺钉，使之平稳。仪器背面与其它物体或墙壁留有 20 cm 以上的散热间隙。

（3）插好电源接线（220 V，50 Hz）。

（4）配制浓度为 50％～75％ 的酒精溶液，从仪器下部箱体内取出保温瓶，向保温瓶中注入 2/3 的酒精溶液（约 1000 ml），将保温瓶放回原位。

（5）连接功率因数表，方法如下：

功率因数表后面有 6 个接线插孔，分别标为左边上、中、下和右边上、中、下。旋下主

机中部下方的6个功率测量接线柱旋钮，去掉连接上、中接线柱的导线，按上、中、下的顺序分别与功率因数表的对应孔相接，如图4.2-6所示。功率因数的物理意义参见交流电路方面的文献。计算公式为：有功功率＝功率因数×视在功率。

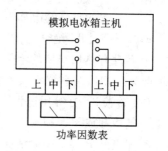

图4.2-6 功率因数表连接图

（6）合上右侧制冷开关，冰箱压缩机组开始工作。观察压缩机的电压、电流是否正常(正常电压约220 V，正常电流约1 A)，工作正常后高压压力表读数应逐渐上升至0.9 MPa左右，低压压力表读数一般小于0.1 MPa。

先将加热器的调压变压器手柄逆时针旋到底，即输出电压为0.0 V，再合上左侧电源开关。这时能听到电动搅拌器开始工作，冷冻室伴有轻微振动。同时，数显温控仪也开始工作，连续测量显示的冷冻室温度(见表4.2-1)，精度为0.1℃。(可设定温控上限，加热时一旦超限会自动断开加热器电源，以确保安全。设定方法为：按下set键进入设置状态，下方显示设定温度的数码管某一位闪烁，用上下键调整该位数值，用左向键转到下一位，调好后再按下set键退出设置状态。温度一般可设定为50.0℃。)

（7）制冷数分钟后，可观察到冷冻室温度逐渐下降，降温速度与室温高低、冷冻室密封性、酒精溶液量、制冷剂种类及充装量等因素有关。

表4.2-1　室温28℃时，制冷时间与冷冻室温度实测数据

时间/mm	0	10	20	30	40	50	60	70	80	90	100
温度/℃	28.0	18.0	7.5	−1.7	−10.3	−17.0	−22.0	−25.5	−27.3	−28.5	−29.1

（8）测量制冷系数。在达到一定温度后(如0.0℃以下)，顺时针旋转调压变压器手柄，开始加热。调节时注意观察电压、电流表的指示。加热后，冷冻室的温度下降速度开始变慢，改变加热功率，可使冷冻室温度在某一个温度时保持稳定不变，此时，加热器的放热量与蒸发器的吸热量达到平衡(忽略次要因素)。记下此时的冷冻室温度 t、压缩机电压 $U_电$、电流 $I_电$、功率因数 $\cos Q_电$、加热器电压 $U_加$、电流 $I_加$、功率因数 $\cos Q_加$，按下式计算：

压缩机输入功率：$P_电 = \cos Q_电 \cdot U_电 I_电$。

压缩机制冷功率：$P = 0.52 P_电$。

因温度达到平衡，说明蒸发器吸热功率等于加热器发热功率，即

$$Q = P_加 = \cos Q_加 \cdot U_加 I_加$$

此温度下的制冷系数为

$$\varepsilon = \frac{Q}{P}$$

改变加热功率，平衡温度将发生变化，可测出下一个温度下的制冷系数。一般可间隔4℃、5℃测一个点，共测4~5个点，作出 ε-t 曲线。

（9）取数据点的方法有两种：

① 取等间隔的整数温度值，如0.0℃、−5.0℃、−10.0℃…此法得到的温度值整齐美观，作图时容易取点。但实际操作时，要调整加热功率恰好使温度稳定在某一个整数比较困难，需反复调整，但这样很花时间。

②调整加热功率，使温度稳定在适当的值即可，不一定取整数和严格的等间隔。此法测量速度较快，效果相同，建议采用。

（10）为一步简化测量步骤，可使用功率计（另配）接到功率测量接线柱上直接进行加热器和压缩机的电功率测量。

（11）在室温较高时，为缩短实验时间，提高效率，可将预先配制好的酒精溶液放置在冰箱中，实验时再注入冷冻室。

六、测量记录和数据处理

将所测各数据记入下表中：

日期：　　　　　室温：　　　　　高压：　　　　　低压：

冷冻室温度 t_0/℃		-5.0	-10.0	-15.0	-20.0	-25.0
压缩机	$I_电$/A					
	$U_电$/V					
	$\cos Q_电$					
	$P_电$/W					
	P/W					
加热器	$I_加$/A					
	$U_加$/V					
	$\cos Q_加$					
	$P_加$/W					
	Q/W					
制冷系数 ε						

七、注意事项

（1）使用接地良好的三芯电源插座，或将仪器外壳接地。

（2）加热器绝对不能干烧。

（3）压缩机工作时注意经常观察工作电流，电流的正常值为 1.0 A 左右，电流过大，说明管道堵塞或超负荷，应立即停机。

（4）压缩机连续两次启动间隔应在 5 min 以上，或观察高压压力表与低压压力表读数相差小于 0.2 MPa 时，才能再次启动压缩机。

（5）测量时，要等温度充分稳定后（比如 2 min 之内冷冻室温度变化小于 0.1℃）再记录数据。

（6）冷冻室须注入一定浓度的酒精溶液，不能用纯水代替。

（7）严禁触摸低温状态下的蒸发器等部件和冷冻溶液。

思 考 题

1. 如何测量压缩机对制冷剂所做功的功率？如何测量制冷量 Q？
2. 电冰箱制冷循环有哪几个过程？
3. 比较逆卡诺循环和本实验的制冷系数的大小？（取同样的冷热源）
4. 电冰箱利用什么方式制冷？

实验 3 声 速 的 测 定

频率介于 20 Hz～20 kHz 的机械波振动在弹性介质中的传播就形成声波，介于 20 kHz～500 MHz 的声波称为超声波，超声波的传播速度就是声波的传播速度，而超声波具有波长短、易于定向发射和会聚等优点，声速实验所采用的声波频率一般都在 20～60 kHz 之间。在此频率范围内，采用压电陶瓷换能器作为声波的发射器和接收器效果最佳。

一、实验目的

（1）了解声速测量仪的结构和测试原理。
（2）通过实验了解作为传感器的压电陶瓷的功能。
（3）用共振干涉法、相位比较法和时差法测量声速，并加深对有关共振、振动合成、波的干涉等理论知识的理解。
（4）进一步掌握示波器、低频信号发生器和数字频率计的使用。

二、实验仪器

SV‐DH‐7 型声速测定仪、SVX‐5 型声速测定信号源、示波器。

三、实验仪器简介

SV‐DH 系列声速测试仪主要由压电陶瓷换能器和读数标尺组成。压电陶瓷换能器由压电陶瓷片和轻重两种金属组成。

压电陶瓷片是由一种多晶结构的压电材料（如石英、锆钛酸铅陶瓷等），在一定温度下经极化处理制成的。它具有压电效应，即受到与极化方向一致的应力 T 时，在极化方向上产生一定的电场强度 E，且具有线形关系：$E=CT$；当与极化方向一致的外加电压 U 加在压电材料上时，材料的伸缩形变 S 与 U 之间有简单的线形关系：$S=KU$，C 为比例系数，K 为压电常数，与材料的性质有关。由于 E 与 T、S 与 U 之间有简单的线性关系，因此我们就可以将正弦交流电信号变成压电材料纵向的长度伸缩，使压电陶瓷片成为超声波的波源，即压电换能器可以把电能转换为声能作为超声发射器；反过来也可以使声压变化转化为电压变化，即用压电陶瓷片作为声频信号接收器。即压电换能器可以把电能转换为声能作为声波发生器，也可把声能转换为电能作为声波接收器。压电陶瓷换能器的工作方式，可分为纵向（振动）换能器、径向（振动）换能器及弯曲振动换能器。图 4.3‐1 为纵向换能器的结构简图。

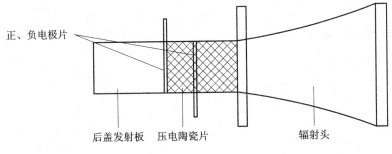

图 4.3-1　换能器结构图

四、实验原理

根据声波各参量之间的关系可知 $v = \lambda f$，其中 v 为波速，λ 为波长，f 为频率。

在实验中，可以通过测定声波的波长 λ 和频率 f 求出声速。声波的频率 f 可以直接从低频信号发生器(信号源)上读出，而声波的波长 λ 则可用相位比较法(行波法)和共振干涉法(驻波法)两种方法来测量。

1. 相位比较法

实验装置接线图如图 4.3-2 所示，置示波器功能于 X-Y 方式。当 S_1 发出的平面超声波通过空气媒质到达接收器 S_2 时，在发射波和接收波之间产生相位差：

$$\Delta\varphi = \varphi_1 - \varphi_2 = 2\pi \frac{L}{\lambda} = 2\pi f \frac{L}{v} \qquad (4.3-1)$$

因此可以通过测量 $\Delta\varphi$ 来求得声速。

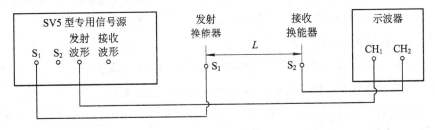

图 4.3-2　实验装置接线图

$\Delta\varphi$ 的测定可用相互垂直振动合成的李萨如图形来进行。设输入 X 轴的入射波振动方程为

$$x = A_1 \cos(\omega t + \varphi_1) \qquad (4.3-2)$$

输入 Y 轴的入射波是由 S_2 接收到的，其振动方程为

$$y = A_2 \cos(\omega t + \varphi_2) \qquad (4.3-3)$$

式(4.3-2)和式(4.3-3)中：A_1 和 A_2 分别为 X、Y 方向振动的振幅；ω 为角频率；φ_1 和 φ_2 分别为 X、Y 方向振动的初位相，则合成振动方程为

$$\frac{x^2}{A_1^2} + \frac{y^2}{A_2^2} - \frac{2xy}{A_1 A_2} \cos(\varphi_2 - \varphi_1) = \sin^2(\varphi_2 - \varphi_1) \qquad (4.3-4)$$

此方程轨迹为椭圆，椭圆长、短轴和方位由相位差 $\Delta\varphi = \varphi_1 - \varphi_2$ 决定。当 $\Delta\varphi = 0$ 时，由式

· 79 ·

(4.3-10)得 $y=\dfrac{A_2}{A_1}x$，即轨迹为处于第一和第三象限的一条直线，显然直线的斜率为 $\dfrac{A_2}{A_1}$，

如图4.3-3(a)所示；$\Delta\varphi=\pi$ 时，得 $y=-\dfrac{A_2}{A_1}x$，则轨迹为处于第二和第四象限的一条直线如图4.3-3(c)所示。

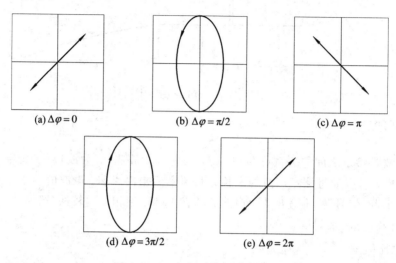

(a) $\Delta\varphi=0$　　　　(b) $\Delta\varphi=\pi/2$　　　　(c) $\Delta\varphi=\pi$

(d) $\Delta\varphi=3\pi/2$　　　　(e) $\Delta\varphi=2\pi$

图 4.3-3　相互垂直振动的合成

改变 S_1 和 S_2 之间的距离 L，相当于改变了发射波和接收波之间的相位差，示波器显示屏上的图形也随 L 改变而不断变化。显然，当 S_1、S_2 之间距离改变半个波长 $\Delta L=\lambda/2$ 时，$\Delta\varphi=\pi$。随着振动的位相差从 $0\sim\pi$ 的变化，李萨如图形从斜率为正的直线变为椭圆，再变到斜率为负的直线。因此，每移动半个波长，就会重复出现斜率符号相反的直线，测得了波长 λ 和频率 f，根据式 $v=\lambda f$ 可计算出室温下声波在媒质中传播的速度。

2. 共振干涉(驻波)法测声速

实验装置接线图如图4.3-2所示，图中 S_1 和 S_2 为压电陶瓷超声换能器。S_1 作为超声源(发射端)，低频信号发生器输出的正弦交变电压信号接到换能器 S_1 上，使 S_1 发出一平面波。S_2 在接收超声波的同时还反射一部分超声波，这样，由 S_1 发出的超声波和由 S_2 反射的超声波在 S_1 和 S_2 之间产生共振干涉，而形成驻波。

设沿 X 轴正向传播的入射波的波动方程为

$$Y_1 = A\cos2\pi\left(vt-\frac{x}{\lambda}\right) \tag{4.3-5}$$

沿 X 轴负向传播的反射波的波动方程为

$$Y_2 = A\cos2\pi\left(vt+\frac{x}{\lambda}\right) \tag{4.3-6}$$

$$Y = Y_1 + Y_2 = \left(2A\cos2\pi\frac{x}{\lambda}\right)\cos\omega t \tag{4.3-7}$$

由式(4.3-7)可知，当 $2\pi\dfrac{x}{\lambda}=(2k+1)\dfrac{\pi}{2}$，$k=0,1,2,3,\cdots$时，即 $x=(2k+1)\dfrac{\lambda}{4}$，$k=0,1,2,3,\cdots$时，这些点的振幅始终为零，即为波节。

当 $2\pi\dfrac{x}{\lambda}=k\pi$，$k=0，1，2，3，\cdots$ 时，即 $x=k\dfrac{\lambda}{2}$，$k=0，1，2，3，\cdots$ 时，这些点的振幅最大，等于 $2A$，即为波腹，且相邻波腹(或波节)之间的距离为 $\lambda/2$。

对一个振动系统来说，当振动激励频率与系统固有频率相近时，系统将共振，此时振幅最大。当信号发生器的激励频率等于系统固有频率时，产生共振，波腹处的振幅达到相对最大值。当激励频率偏离系统固有频率时，驻波的形状不稳定，且声波波腹的振幅比最大值小很多。由式(4.3－7)可知，当 S_1 和 S_2 之间的距离 L 恰好等于半波长的整数倍时，即

$$L=k\frac{\lambda}{2}，\quad k=0，1，2，3，\cdots$$

形成驻波，示波器上可观察到较大幅度的信号，不满足这条件时，观察到的信号幅度较小。移动 S_2，对某一特定波长，将相继出现一系列共振态，任意两个相邻的共振态之间，S_2 的位移为

$$\Delta L=L_{k+1}-L_k=(k+1)\frac{\lambda}{2}-k\frac{\lambda}{2}=\frac{\lambda}{2} \tag{4.3－8}$$

所以当 S_1 和 S_2 之间的距离 L 连续改变时，示波器上的信号幅度每发生一次周期性变化，就相当于 S_1 和 S_2 之间的距离改变了 $\dfrac{\lambda}{2}$。此距离 $\dfrac{\lambda}{2}$ 可由读数标尺测得，频率 f 由信号发生器读得，由 $v=\lambda\cdot f$，即可求得声速。

五、实验步骤

1. 声速测定仪系统的连接与调试

在接通电源后，信号源自动工作在连续波方式，选择的介质为空气，预热时间为 15 min。声速测试仪和声速测试仪信号源及双踪示波器之间的连接如图 4.3－2 所示。

(1) 测试架上的换能器与声速测定仪信号源之间的连接。

信号源面板上 S_1 端口，用于输出相应频率的功率信号，接至测试架左边的发射换能器；测试架右边的接收换能器接到示波器的 CH_2。

(2) 示波器与声速测试仪信号源之间的连接。

信号源面板上的发射端的发射波形(Y_1)，接至双踪示波器的 CH_1，用于观察发射波形；信号源面板上的接收端的接收波形(Y_2)，接至双踪示波器的 CH_2，用于观察接收波形。

2. 测定压电陶瓷换能器系统的最佳工作频率

只有当换能器 S_1 和 S_2 发射面与接收面保持平行时才有较好的接收效果；为了得到较清晰的接收波形，应将外加的驱动信号频率调节到发射换能器 S_1 谐振频率点处，才能较好地进行声能与电能的相互转换，提高测量精度，以得到较好的实验效果。

示波器工作状态的调节方法如下：

(1) 将测试方法设置到连续波方式，连好线路。

(2) 调节示波器。

① 打开示波器，先把"辉度"(INTEN)、"聚焦"(FOCUS)、"X 轴位移"(POSITION)和"Y 位移"(POSITION)旋钮旋至中间位置。

② "扫描方式"(SWEEP MODE)选择"自动"(AUTO)。

③ "耦合"(COUPLING)选择"AC"。

④ 模式(MODE)选择"叠加"(ADD)。

⑤ 输入信号与垂直放大器连接方式(AC-GND-DC)选择"AC"。

⑥ "内触发"(INT TRIG)选择"CH_1-X-Y"。

⑦ 把"选择扫描时间"(TIME/DIV)旋钮旋至"0.2 ms"附近,在"Y方式"(VERT MODE)内,按下"(CH_2-X-Y)"按钮,使 S_2 轻轻靠拢 S_1,然后缓慢移离 S_2,观察示波器的波形。适当调节示波器上的"VOLTS/DIV"或信号源上的"发射强度",可以提高灵敏度。

各仪器都正常工作以后,首先调节声速测试仪信号源输出信号频率(在 $35\sim45$ kHz 之间),观察频率调整时接收波的振幅变化,在某一频率点处振幅最大,此频率即是压电换能器 S_1、S_2 相匹配的频率点,记录频率 f_i,改变 S_1 和 S_2 之间的距离,适当选择位置(即示波器屏上呈现出最大振幅时的位置),再微调信号频率,如此重复调整,再次测定工作频率,共测 5 次,计算平均值 $\overline{f}$。

3. 用相位比较法(李萨如图形)测量波长

(1)将测试方法设置到连续波方式,连好线路,把声速测试仪信号源调到最佳工作频率 $\overline{\nu}$。将示波器"选择扫描时间"(TIME/DIV)旋钮旋至"X-Y"方式,移动 S_2 轻轻靠拢 S_1,然后缓慢移开 S_2,观察示波器的波形。当示波器所显示的李萨如图形如图 4.3-3(a)所示时,记下 S_2 的位置 X_1。适当调节示波器上的"VOLTS/DIV"或信号源上的"发射强度",可以提高灵敏度。

(2)依次移动 S_2,记下示波器上波形由图 4.3-3(a)变为图 4.3-3(c)时,读数标尺位置的读数 X_2,X_3,X_4,…共 12 个值。

(3)记下室温 t。

(4)用逐差法处理数据。

4. 用干涉法(驻波法)测量波长

(1)按照图 4.3-2 所示连接好电路。

(2)将测试方法设置到连续波方式,把声速测试仪信号源调到最佳工作频率 $\overline{\nu}$。将示波器的触发源(SOURCE)选择"INT","选择扫描时间"(TIME/DIV)旋至 0.2 ms 或其他挡位使图形稳定。

在共振频率下,将 S_2 移近 S_1 处,缓慢移离 S_2,当示波器上出现最大振幅时,记下读数标尺位置 X_1'。

(3)依次移动 S_2,记下各振幅最大时的 X_2',X_3',…共 12 个值。

(4)记下室温 t。

(5)用逐差法处理数据。

实验操作中应注意以下问题:

(1)测量数据时换能器的发射端与接收端间距一般要在 5 cm 以上,同时保证 S_2 向一个方面移动,避免回程误差。距离近时可把信号源面板上的发射强度减小,随着距离的增大可适当增大。

(2)示波器上的图形失真时可适当减小信号源发射强度或接收增益。

（3）测试最佳工作频率时，应把接收端放在不同位置处测量 5 次，取平均值。

（4）当使用液体为介质测定声速时，先在测试槽中注入液体，直至把换能器完全浸没，但不能超过液面线。适当减小脉冲强度，即可进行测定，步骤相同。

六、测量记录和数据处理

室温 $t=$ 　　℃。

已知声速在标准大气压下与传播介质空气的温度关系为：$v_s=(331.45+0.59t)=$ _____ m/s。

（1）陶瓷换能器最佳工作频率的测定。

n	1	2	3	4	5	平均值 $\overline{f}$
γ/kHz						

（2）用相位比较法测量声速。计算测量不确定度，给出声速的测量结果。

标尺读数		相距 3 个 λ 的距离/mm
$X_1=$	$X_7=$	$\Delta X_1=$
$X_2=$	$X_8=$	$\Delta X_2=$
$X_3=$	$X_9=$	$\Delta X_3=$
$X_4=$	$X_{10}=$	$\Delta X_4=$
$X_5=$	$X_{11}=$	$\Delta X_5=$
$X_6=$	$X_{12}=$	$\Delta X_6=$

$$\overline{\Delta X}=\frac{1}{6}\sum_{i=1}^{b}\Delta X_i=\underline{\hspace{2cm}}\text{mm}, \qquad \overline{\lambda}=\frac{1}{3}\overline{\Delta X}=\underline{\hspace{2cm}}\text{mm}$$

$$v=\overline{\lambda}\overline{f}=\underline{\hspace{3cm}}\text{m/s}$$

（3）共振干涉法测量波长。计算测量不确定度，给出声速的测量结果。

标尺读数		相距 3 个 λ 的距离/mm
$X_1'=$	$X_7'=$	$\Delta X_1'=$
$X_2'=$	$X_8'=$	$\Delta X_2'=$
$X_3'=$	$X_9'=$	$\Delta X_3'=$
$X_4'=$	$X_{10}'=$	$\Delta X_4'=$
$X_5'=$	$X_{11}'=$	$\Delta X_5'=$
$X_6'=$	$X_{12}'=$	$\Delta X_6'=$

$$\overline{\Delta X'}=\frac{1}{6}\sum_{i=1}^{6}\Delta X_i'=\underline{\hspace{2cm}}\text{mm}, \qquad \overline{\lambda'}=\frac{1}{3}\overline{\Delta X'}=\underline{\hspace{2cm}}\text{mm}$$

$$v = \overline{\lambda f} = \underline{\hspace{4cm}} \text{m/s}$$

七、选做内容

用时差示测量声速：

固体介质中的声速测定需另配专用的 SAV 固体测量装置，一般用时差法测量。

设以脉冲调制信号激励发射换能器，产生的声波在介质中传播，经过 t 时间后，到达 L 距离处的接收换能器。所以可以用以下公式求出声波在介质中传播的速度：

$$\text{速度 } v = \frac{\text{距离 } L}{\text{时间 } t}$$

作为接收器的压电陶瓷换能器，当接收到来自发射换能器的波列的过程中，能量不断积聚时，电压变化波形曲线振幅不断增大，当波列过后，接收换能器两极上的电荷运动呈阻尼振荡时，电压变化波形曲线如图 4.3-4 所示。信号源显示了波列从发射换能器发射，经过 L 距离后到达接收换能器的时间 t。

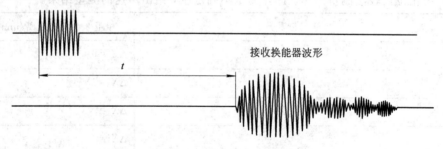

图 4.3-4　接收换能器信号电压变化波形

实验中提供两种测试介质：有机玻璃和铝棒。每种材料有长 50 mm 的三根样品。只需对不同长度的样品测量两次，即可按上面的方法算出声速。

$$v_i = \frac{L_{i+1} - L_i}{t_{i+1} - t_i}$$

实验步骤：

（1）按图 4.3-5 连接仪器，将测试方法设置到脉冲波方式，将接收增益调到适当位置（一般为最大位置），以计时器读数稳定为好。将发射换能器（标有 T）发射端面朝上竖立放在发射面上，在换能器端面和固体棒的端面上涂上适量的耦合剂。再把固体棒放在发射面

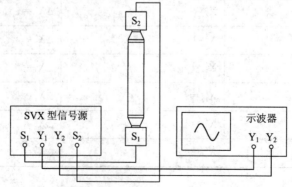

图 4.3-5　测量固体介质中声速的连线图

上，使其紧密接触并对准，然后将接收换能器（标有 R）接收端面放置于固体棒端面上并对准，利用接收换能器的自重与固体棒端面接触。由于接收换能器的自重不变，所以这样得到的数据是很稳定的。

（2）测出一组数据后，移开接收换能器，将另一根固体棒置于下面一根固体棒之上，并保持良好接触，再放上接收换能器，即可进行第二组测量。

思 考 题

1. 测量声速可以采用哪几种方法？
2. 如何判断测量系统是否处于共振状态？
3. 如何确定最佳工作频率？
4. 驻波中各质点振动时振幅与坐标有何关系？

实验 4 运用示波器显示李萨如图形

一、实验目的

（1）了解示波器的工作原理。
（2）掌握示波器的使用方法。
（3）掌握运用示波器显示李萨如图形和测定交流电信号频率的方法。
（4）观察双通道同时工作时的李萨如图形。

二、实验仪器

20 MHz cos5020B 型通用示波器、XFD-6 型低频信号发生器、XD22B 型低频信号发生器。

三、实验仪器简介

1. 20 MHz cos5020B 型通用示波器

示波器是把看不见的电信号转换成看得见的光学图像的仪器，是电学实验中常用的设备，也是电子仪器生产和调试过程中不可缺少的工具。20 MHz cos5020B 型通用示波器的前面板如图 4.4-1 所示，后面板如图 4.4-2 所示。

1）面板上各部件的名称和作用

① 校准信号［CAL(V_{p-p})］：该输出端供给频率为 1 kHz，校准电压为 0.5 V 的正方波，输出阻抗约为 500 Ω。

② 指示灯。

③ 电源（POWER）。示波器的主电源开关，当按下开关时，指示灯②亮，预热 15 min 后仪器即可使用。

④ 辉度（INTEN）。辉度调节器，控制光点和扫线的亮度。顺时针旋转辉度调节器，光点和扫线亮度增加，反之减弱，使用时光点和扫线亮度须适中，不能太亮，否则会影响仪

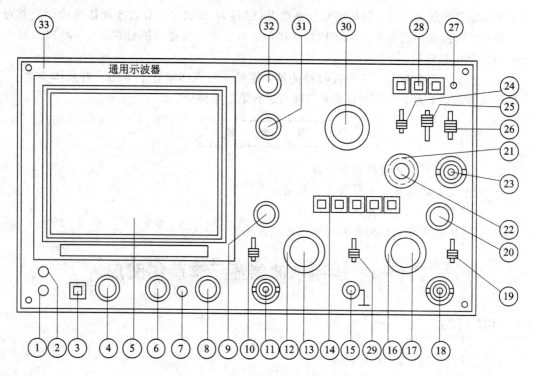

图 4.4-1 20 MHz cos5020B 型通用示波器的前面板图

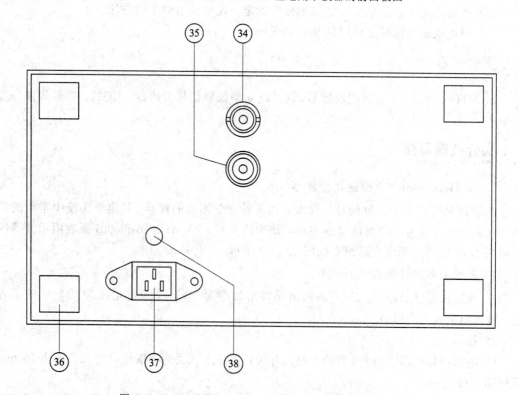

图 4.4-2 20 MHz cos5020B 型通用示波器的后面板图

器寿命。

⑤ 滤色片。便于观察波形的灰色滤色片。

⑥ 聚焦（FOCUS）。聚焦调节器，调节示波管中的电子束的焦距，使电子束在屏幕上成为一个清晰的小圆点，或者使扫线聚焦成最清晰状态。

⑦ 光迹旋转（TRACE ROTATION）。用来调节水平扫线，使之平行于刻度线，当仪器摆放位置变化时，水平扫线会发生略微偏转，须用起子调节此处，此工作由实验老师完成。

⑧ 标尺亮度（ILLUM）。调节刻度照明的亮度，一般用于野外测量时的刻度照明，本实验不用。

⑨和⑳ 垂直位移（POSITON）。调节光点或扫线在屏幕上垂直方向上的位移，顺时针向上移动，反之向下移动。

⑩和⑲ AC－GND－DC。输入信号与垂直放大器连接方式的选择开关，仪器设置了不同的耦合方式：AC 交流耦合，一般交流信号应置于"AC"位置；DC 直流耦合，如果输入信号频率很低，则应置于"DC"位置；当置于"GND"时，输入信号与放大器断开，同时放大器输入端接地，为水平自激扫描，屏上显示一条水平线。

⑪ 通道1（CH_1）。Y_1 的输入端插孔。在 X－Y 工作时作为 X 轴输入端。

⑫和⑯ V/cm 衰减开关从 5 mV/cm 到 5 V/cm 共分十挡，用来选择垂直偏转因数，可调节示波器的 Y 轴输入信号的"衰减"和"增幅"，逆时针旋转时衰减作用增大，图像在垂直方向变小。

⑬和⑰ 微调（VARIABLE）。偏转因数微调，逆时针旋转时衰减作用增大，可调节到面板指示值的 2.5 倍以上，当置于标准位置时，偏转因数标准为面板指示值。若该旋钮被拉出，则偏转因数为面板指示值的 1/5。

⑭ Y 方式（VERT MODE）。选择垂直系统的工作方式。"CH_1"：Y_1 单独工作。"ALT"：Y_1 和 Y_2 交替工作，适用于较高扫速。"CHOP"：以 250 kHz 的频率轮流显示 Y_1 和 Y_2，适用于低扫速。"ADD"：测量两通道之和（Y_1+Y_2）；若 Y_2 旋钮被拉出，则测量两通道之差（Y_1-Y_2）。"CH2"：Y_2 单独工作。

⑮ 示波器外壳接地端。

⑱ 通道2（CH_2）。Y_2 的输入端插口。在 X－Y 工作时作为 Y 轴输入端。

㉑ 释抑（HOLDOFF）。释抑时间调节。

㉒ 电平（LEVEL）。触发电平调节。

㉑和㉒为双连控制旋钮。当信号波形复杂，用电平旋钮㉒不能稳定触发时，可用"释抑"旋钮使波形稳定，"电平"旋钮用于调节触发点在被测信号上的位置，当旋钮转向"＋"时，显示波形的触发电平上升；当旋钮转向"－"时，触发电平下降；当旋钮置于"LOCK"位置时，不论信号幅度大小，触发电平自动保持在最佳状态。本实验，该旋钮始终放在"LOCK"位置，不需要调节触发电平。

㉓ 外触发（EXT TRIT）。这个输入端作为外触发信号和外水平信号的公用输入端，用此输入端时，触发源开关㉖应置于"EXT"位置。

㉔ 极性（SLOPE）。选择触发极性。"＋"表示在信号正斜率上触发，"－"表示在信号负斜率上触发。

㉕ 耦合（CORPLING）。选择触发信号和触发电路之间耦合方式，也选择了 TV 同步触

发电路的连接方式。"AC"：通过交流耦合施加触发信号；"HFR"：AC 耦合，可抑制高于 50 kHz 的信号；"TV"：触发信号通过电视同步分离电路连接到触发电路，由"t/cm"开关 ㉚选择 TV：H 或 TV：V 同步；"DC"：通过直流耦合施加触发信号。

㉖ 触发源(SOURCE)。选择触发信号。"INT"：内触发开关㉙选择的内部信号作为触发信号。"LINE"："X - Y"工作方式时起联通信号的作用。"VERT MODE"：交流电源信号作为触发信号。"EXT"：外触发输入端㉓的输入信号作为触发信号。

㉗ 单次扫描准备灯。

㉘ 扫描方式(SWEEP MODE)。选择需要的输入方式。自动(AUTO)：当无触发信号加入，或触发信号频率低于 50 Hz 时，扫描为自激方式；"常态"(NORM)：当无触发信号加入时，扫描处于准备状态，没有扫线，主要用于观察低于 50 Hz 的信号；"单次"(SINGLE)：用于单次扫描启动，类似复位开关。当扫描方式的三个键均未按下时，电路处于单次扫描工作方式；当按下"单次"(SINGLE)键时扫描电路复位，此时准备灯㉗亮，单次扫描结束后灯熄灭。

㉙ 内触发(INTTRIG)。选择内部的触发信号源，当触发源开关㉖设置在"内"时，由此开关选择馈送到 A 触发电路的信号，"Y_1(X - Y)"：Y_1 输入信号作为触发源信号，在 X - Y 工作时，该信号到 X 轴上；"Y_2"：Y_2 输入信号作为触发源信号。"VERT MODE"：把显示在荧光屏上的输入信号作为触发源信号，当"Y 方式"开关⑭置于交替时，触发也处在交替方式中，Y_1 和 Y_2 的信号交替地作为触发信号。

㉚ t/cm 扫描速度选择开关(TIME/DIV)，选择扫描时间因数，可调节完整波的个数。"X - Y"：采用 X - Y 工作方式时用。

㉛ 微调(VARLABLE)。扫描时间因数微调。

㉜ 水平位移(POSITION)。调节光点和扫线在水平方向的位移。

㉝ 聚光圈。在单次操作时安装照相机。

㉞ Z 轴输入(ZAXIS INPUT)。后面板外调辉信号的输入端。

㉟ Y_1 信号输出(CH₁ SIGNAL OUTPUT)。输出 Y_1 信号，以刻度算，提供 100 mV/cm 的 Y_1 信号输出，当接 500 Ω 终端负载时，该信号衰减约 1/2，可用作频率计数等。

㊱ 支脚。支脚放在示波器的后面，可使示波器以竖起的方式工作，也可作为固定电源线用。

㊲ 示波器交流电源的输入插座。

㊳ 保险丝。电源变压器初级电路的保险丝，其额定值为 0.5 A。

2) 示波管的构造

示波器的核心部件是示波管，它是一个被抽成高度真空的长颈形玻璃管，内部构造如图 4.4 - 3 所示。示波管由管脚、电子枪、偏转板和荧光屏四部分组成。其中电子枪是示波管的关键部分。

电子枪由灯丝 f、阴极 K、栅极 G、第一阳极 A_1、第二阳极 A_2 和第三阳极 A_3 组成。A_1 和 A_3 一般在内部已连接在一起。第一、第三阳极成圆筒形，栅极和第二阳极成圆板形，中间有小圆孔。各电极由管脚引出。当灯丝电压加在灯丝 f 上后，灯丝发热，阴极被加热，发射出热电子(即阴极射线)。三个阳极相对阴极都有上千伏的高压，电子在三个加速阳极的作用下以很高的速度(可达 10^7 m/s)飞向荧光屏，涂在荧光屏上的荧光粉在高速电子束

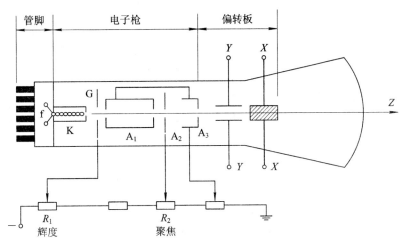

图 4.4 - 3　示波管的构造

的轰击下会发出绿色的荧光,于是在荧光屏上就可以看到一个绿色亮点(有的荧光粉发出蓝色荧光。蓝色适宜照相,绿色适宜观察)。栅极 G 的电位相对阴极为负,调节其电位,可以控制经过小圆孔射向荧光屏的电子数目,从而控制光点亮度。调节栅极电位的电位器 R_1 就是示波器前面板上的"辉度 INTEN"旋钮,参看图 4.4 - 1。

3) 电子束的电聚焦

为了在荧光屏上得到一个又亮又小的光点,必须把阴极发射出的电子沿示波管的轴线汇聚起来,形成一束很细的电子束。第二阳极 A_2 和第三阳极 A_3 除了对电子有加速作用外,还有聚焦作用,这种聚焦作用是靠 A_2 和 A_3 之间的电场对电子作用的电场力实现的,所以这种聚焦方法称为电场聚焦(或电聚焦)。电聚焦的原理如图 4.4 - 4 所示。A_2 的电位比 A_3 低,两极之间的电力线如图 4.4 - 4 所示。当有一偏离轴线的电子沿轨道 S 进入该电场后,在 P 点受到的电场力可分解为 F_y 和 F_z,F_z 使电子沿 Z 轴方向加速,F_y 使电子回到轴线方向上,起聚焦作用。调节 R_2,使 A_2 的电位改变,则电场力 F 的分力 F_y 也跟着改变,电子束的聚焦程度亦跟着改变。所以电位器 R_2 是示波器面板上的"聚焦(FOCUS)"旋钮。

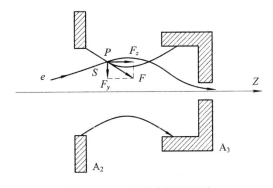

图 4.4 - 4　电聚焦的原理图

4) 电子束的电偏转

示波管中的 Y 偏转板和 X 偏转板好像平行板电容器。当在 Y 偏转板(或 X 偏转板)上加上电压以后,以速度 v 沿 Z 轴飞入两板之间的电子将受到电场力作用而发生偏转,如图

4.4－5所示。

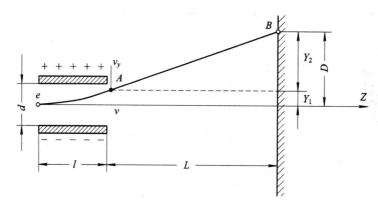

图 4.4－5　电子束的电偏转

设两板之间的距离为 d，在某一时刻两板之间的电压为 U，则两板之间的电场强度 $E=\dfrac{U}{d}$，电子受到的电场力为

$$F = eE = \frac{eU}{d}$$

根据牛顿定律

$$F = ma = \frac{eU}{d}$$

$$a = \frac{eU}{md}$$

因此，电子在 Y 方向上做匀加速运动，而在 Z 方向上以原来的速度 v 做匀速运动。电子飞越 l 和 L 的时间分别为

$$t_1 = \frac{l}{v}, \quad t_2 = \frac{L}{v}$$

电子运动到 A 点时 Y 方向的位移 Y_1 和速度 v_y 分别为

$$Y_1 = \frac{1}{2} a t_1^2 = \frac{1}{2} \frac{eU}{md} \frac{l^2}{v^2}$$

$$v_y = a t_1 = \frac{eU}{md} \frac{l}{v}$$

当电子离开偏转板后，由于受到的合外力近似为零，所以电子几乎做匀速直线运动一直打到荧光屏上的 B 点。而

$$Y_2 = v_y t_2 = \frac{eU}{md} \frac{lL}{v^2}$$

电子偏离 Z 轴（即荧光屏中心）的距离

$$D = Y_1 + Y_2 = \frac{el}{mdv^2} \left(\frac{1}{2} l + L \right) U$$

从阴极发射出来的电子的初速度可以认为是零，在阳极 A_1、A_3 加速电压 U_A 作用下，电子做加速运动，最后以速度 v 飞入 Y 偏转板之间。根据功能原理，得

$$eU_A = \frac{1}{2} m v^2$$

所以
$$v^2 = \frac{2eU_A}{m}$$

将此式代入偏转距离 D 的表达式，得

$$D = \frac{Ll}{2d}\left(1 + \frac{l}{2L}\right)\frac{U}{U_A}$$

即电子束的偏转距离 D 与偏转板上所加电压 U 成正比，与加速电压 U_A 成反比。因此，光点将随着被观察信号电压的变化而上下移动。X 偏转板上所加的信号电压会使光点左右移动。

　　为了保证电子束有足够大的偏转距离，对微弱的输入信号，先要由几级电压放大器进行放大。调节放大器的放大倍数，即可调节偏转电压 U，从而调节偏转距离 D，此即示波器面板上"Y 轴增幅"（或"X 轴增幅"）旋钮的作用。当输入信号很大时，要先对信号进行分压，仅取其一部分输入到放大电路，此即面板上"Y 轴衰减"（或"X 轴衰减"）旋钮的作用。

　　5）波形显示

　　通常把要观察的随时间作周期性变化的电压加在 Y 偏转板上，例如加上一个正弦电压 $U_y = U_m \sin\omega t$。如果 X 偏转板上不加电压，则荧光屏上的光点将沿 Y 轴做简谐振动。因为人眼对光的视觉停留时间约为 $1/16$ s，所以荧光屏上的光点虽在移动，但移动前的光点在人眼的视觉中仍然存在，因此我们看不见光点的移动，只看到光点描出的一条竖直亮线，如图 4.4-6(a) 所示。

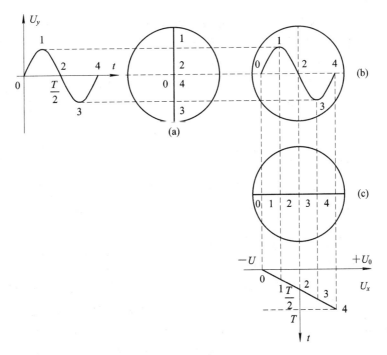

图 4.4-6　波形显示原理

　　为了显示加在 Y 偏转板上随时间周期性变化的电压波形，还应当有时基扫描装置，即必须在 X 偏转板上加一形状如锯齿的锯齿波电压（扫描电压）U_x，如图 4.4-7 所示。锯齿波电压 U_x 在 $(-U_0 \sim +U_0)$ 范围内线性变化，它的周期为 T。如果只在偏转板上加锯齿波

电压,光点将由左向右做匀速运动(称为水平扫描),在荧光屏上将出现一条水平亮线,如图 4.4 - 6(c)所示。

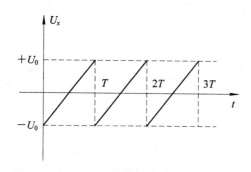

图 4.4 - 7 锯齿波电压

如果在 Y 偏转板和 X 偏转板上分别加上电压 U_y 和锯齿波电压 U_x,光点将同时受 U_y 和 U_x 控制。设 U_y 和 U_x 的周期相等,在时间 $t=0$ 时,光点落在图 4.4 - 6(b)所示曲线上的 0 点,在 $t=\dfrac{T}{4}$ 时,光点在 1 点,在 $t=\dfrac{T}{2}$ 光点在 2 点,在 $t=\dfrac{3}{4}T$ 时,光点在 3 点,在 $t=T$ 时,光点在 4 点。与此同时,U_x 迅速变为 $-U_0$,光点即由 4 点迅速回跳到 0 点,在第二个周期内又经历 0,1,2,3,4 各点,如此周而复始,我们就在荧光屏上看到了一个完整而稳定的正弦波图形,如图 4.4 - 6(b)所示。

波形显示所需的锯齿波电压是由示波器内部的锯齿波发生器产生的。需要观察波形时,只要把面板上的旋钮"TIME/DIV"调整至适当位置,锯齿波发生器就开始工作,并且把所产生的锯齿波电压自动加到 X 偏转板上。

当 $T_x=2T_y$ 时,在锯齿波电压由 $-U_0$ 变到 $+U_0$ 的这段时间内,被观察信号将完成两个周期性变化,故荧光屏上将出现两个完整的波形。由于频率和周期互成倒数,所以荧光屏上出现两个完整波形的条件也可以是 $f_y=2f_x$。同理,当 $f_y=nf_x$,$n=1,2,3,\cdots$ 时,荧光屏上将出现一个、两个、三个……完整的波形。一般我们用改变 f_x 的办法来适应不同的 f_y,这就是面板上"TIME/DIV"旋钮的作用。若 f_y 是 f_x 的几十倍、几百倍,则荧光屏上将出现几十个、几百个密密麻麻的波形,无法看清楚;若 f_y 是 f_x 若干分之一,则在荧光屏上将只看到一个波形的一小部分,不能看到波形的全貌,所以,"TIME/DIV"位置要和被观察信号的频率配合恰当。

若 f_y 不是 f_x 的整数倍,则各次扫描图像将不重合,我们将看到互相交错的好几组波形。这时需调节"微调"旋钮,精细改变锯齿波电压的频率,使 f_y 是 f_x 的整数倍。

由波形显示原理可知,只有当 U_y 由 0 增大的时刻,恰好又是 U_x 由 $-U_0$ 增大的时刻时,荧光屏上的图像才是稳定,要实现这一点,必须使锯齿波发生器的工作状态受被观察信号电压的控制,即用被观察信号去触发锯齿波电压发生器的工作,使锯齿波电压与观察信号电压的步调一致(称为同步或整步)。面板上的"触发源"(SOURCE)"旋钮提供了四种触发方式,其中"内(INT)"挡最常用,是把放大后的 Y 轴输入信号的一部分引入锯齿波发生器,用它来触发锯齿波电压的起始时刻。

2. XFD - 6 型低频信号发生器

XFD - 6 型低频信号发生器的振荡电路采用文氏桥振荡电路。改变电阻臂,可分挡改变输出信号频率。用可变电容改变电容臂，可连续改变输出信号频率。两者配合，可以产生频率为 20～200 kHz 范围的低频正弦信号，波形良好，连续可调，失真度小。其面板如图 4.4 - 8 所示。

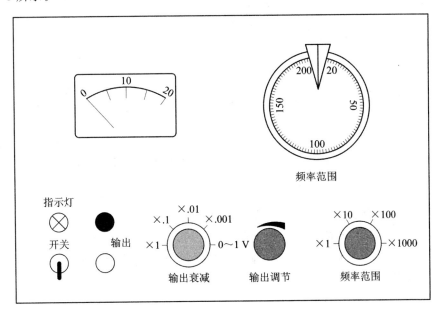

图 4.4 - 8　XFD - 6 型低频信号发生器

现将各旋钮的作用简要介绍如下：

（1）输出衰减：分为 5 挡，前 4 挡为高阻抗输出，实际输出电压分别为表头指示值的 1 倍、0.1 倍、0.01 倍和 0.001 倍。第 5 挡为低阻抗输出，最大输出电压为 1 V。

（2）输出调节：调节输出电压的大小。

（3）频率范围，"×1"挡：输出信号的频率就是频率调度盘的指示值；"×10"挡：将度盘指示值×10，输出范围为 200～20000 Hz；"×100"挡，将度盘指示值×100，输出范围为 2000～20000 Hz；"×1000"挡：将度盘指示值×1000，输出范围为 20～200 kHz。

（4）频率微调度盘：可连续改变输出信号的频率，由度盘上方所附的红线直接读出输出频率。

3. XD22B 型低频信号发生器

XD22B 型低频信号发生器的振荡电路采用 RC 文氏桥电路。它具有多功能、宽频带、波形良好、分挡调节、失真度小、频率用数码管显示的特点，能够产生 1 Hz～1 MHz 的正弦信号、脉冲信号和逻辑信号，其面板如图 4.4 - 9 所示。下面介绍面板上各部件的名称和作用。

① 开关和指示灯。

② 电压表。表头刻度只对正弦信号是准确的，对其他信号无效。表头指示电压为开路电动势。

③ 数码管。

④ 频率微调。

⑤ 占空比调节器。调节输出脉冲宽度，本实验不用。

⑥ 输出细调。调节输出电压的大小。

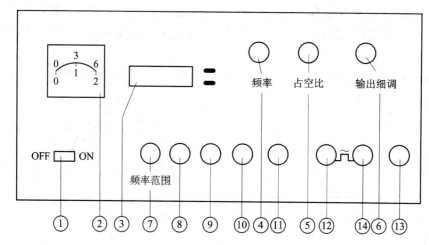

图 4.4－9　XD22B 型低频信号发生器面板图

⑦ 频率范围。分为 6 挡。1 挡：输出范围为 1～9.99 Hz；10 挡：输出范围为 10～99.0 Hz；100 挡：输出范围为 100～999 Hz；1 k 挡：输出范围为 1～9.99 kHz；10 k 挡：输出范围为 10～99.0 kHz；100 k 挡：输出范围为 100～999 kHz。实际上就是调节数码管中显示的小数点的位置。

⑧ 频率。调节数码管的第一位数。

⑨ 频率。调节数码管的第二位数。

⑩ 频率。调节数码管的第三位数。

实验时，把⑧、⑨、⑩、⑦结合起来使用，就可得到所需要的频率。④作为频率微调用。

⑪ 输出衰减。

⑫ 正弦波和方波的输出端。

⑬ TTL 的输出端。

⑭ 正弦波和方波的开关。

四、实验原理

如果在示波器的 Y 偏转板和 X 偏转板上分别加以正弦电压 U_y 和 U_x，那么荧光屏上的光点就同时参与两个互相垂直的简谐振动。设加在 Y 偏转板上正弦电压 U_y 的频率为 f_y，加在 X 偏转板上的正弦电压 U_x 的频率为 f_x，当 f_y 和 f_x 之比等于简单的整数比时，由振动合成的理论知，光点合振动的轨迹是一些稳定的图形，这些图形称为李萨如图形。例如，当 $f_y : f_x = 2 : 1$ 时，光点的轨迹如图 4.4－10 所示。图 4.4－11 是 f_y 与 f_x 之比等于简单整数比时形成的几种李萨如图形。

仔细研究这些图形，我们发现一条规律：当图形由封闭曲线组成时，f_y 与 f_x 之比恰好等于图形与水平边的切点个数 m 及与竖直边的切点个数 n 之比，即

$$\frac{f_y}{f_x} = \frac{\text{图形与水平边的切点个数}}{\text{图形与竖直边的切点个数}} = \frac{m}{n}$$

若已知其中一个输入信号的频率，根据上式就可求出另一个信号的频率。这就是利用

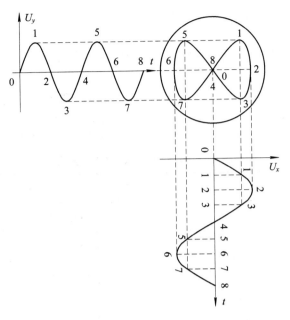

图 4.4 - 10　李萨如图形($f_y : f_x = 2 : 1$)的形成

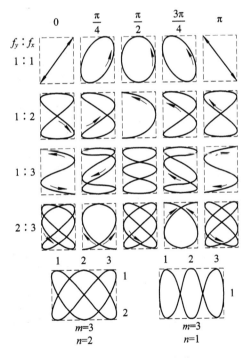

图 4.4 - 11　李萨如图形

李萨如图形测频率的原理。另外,从图 4.4 - 11 中可以看出,当 $f_y : f_x$ 的值相同时,由于两个正弦电压 U_y 和 U_x 的周相差 $\varPhi_y - \varPhi_x$ 不同而图形形状不同,所以我们也可以根据李萨如图形比较两个正弦电压的周期差。

五、实验步骤

（1）先把 XFD-6 型低频信号发生器的电源线插入交流插座，把"输出调节"旋钮逆时针转到最小，然后打开电源开关。

（2）按照表 4.4-1 所示，将示波器前面板各开关及控制键设置好，然后把电源线插入交流电源插座，打开电源开关。适当调节"辉度"、"聚焦"、"位移"，使屏幕中央出现一个清晰且亮度适中的光点，然后把"TIME/DIV"调到 0.5 ms，使屏幕中央出现一条扫线。

表 4.4-1　示波器初始设置表

项　目	代　号	位　置　设　置
电源	③	断开位置
辉度	④	相当于时钟"3 点"位置
聚焦	⑥	中间位置
标尺亮度	⑧	逆时针旋到底（不用位置）
Y 方式	⑭	Y_1（CH_1）
垂直位移	⑨⑳	中间位置，推进去
V/cm	⑫⑯	10 V/cm
微调	⑬⑰	校准（顺时针旋到底）推进去
AC-GND-DC	⑩⑲	GND
内触发	⑮	Y_1（CH_1）
触发源	㉖	INT
耦合	㉕	AC
极性	㉔	+
电平	㉒	LOCK（逆时针旋到底）
释抑	㉑	NORM（逆时针旋到底）
扫描方式	㉘	自动（AUTO）
TIME/DIV	㉚	X-Y
微调	㉛	校准（顺时针旋到底）推进去
水平位移	㉜	中间位置

（3）观察 XFD-6 型低频信号发生器输出信号的波形。

① 将 XFD-6 型低频信号发生器的"输出调节"旋钮顺时针旋转，使输出电压在 2 V 左右，"频率范围"、"输出衰减"皆置于×1 挡，度盘旋钮 50 Hz 对准红色标线。把带有红色插

头的导线接输出，黑色接地，导线另一端接示波器的 CH_1 输入端。"AC‐GND‐DC"置于"AC"，调节 TIME/DIV 旋钮，并配合调节双连控制旋钮㉑、㉒及 VARIABLE，使屏幕上出现 2～3 个完整波形。

② 观察 CH_2 输入信号的波形，保持其他旋钮不变，导线接示波器的 CH_2 输入端，"VERT MODE"选择 CH_2，"Y 方式"选择 CH_2，调节方法与(1)相同，使屏幕上出现 2～3 个完整波形。

如果把信号发生器的"频率范围"置于其他挡，配合调节示波器的"TIME/DIV"旋钮或"微调"旋钮，就能看见信号发生器产生的较高频率的波形。

(4) 利用李萨如图形测量交流电信号的频率。保持导线接线不变，把信号发生器的"频率范围"置于"×1"挡，输出衰减不变，将"频率微调"度盘旋至 50 Hz，"输出调节"调至 2 V 左右。把示波器的 TIME/DIV 扫描速度开关逆时针转到 X‐Y 位置，"触发源"置于"LINE"，保持其他各旋钮位置不变，细心转动低频信号发生器的"频率微调"度盘，屏幕上会出现如图 4.4‐11 最上部显示的李萨如图形，它是由通道 2(CH_2)Y 输入的 50 Hz 信号电压 U_y 和示波器内输入到 X 轴 50 Hz 的电压 U_x 这两个互相垂直的简谐振动合成的。缓慢转动信号发生器的"频率微调"度盘，就改变了信号发生器输出电压的频率，当 f_y 和 f_x 成简单的整数比时，屏幕上就会出现各种形状的李萨如图形。描绘出三种由封闭曲线组成的李萨如图形，并记录信号发生器指示的频率值 f_y。

同样的，把导线接到 CH_1 的输入端，"Y 方式"选择 CH_1，保持其他旋钮不变，屏幕上会出现相同的李萨如图形，它是由通道 1(CH_1)Y 轴输入的信号电压和由示波器内输入到 X 轴的电压这两个互相垂直的简谐振动合成的。

(5) 观察双通道同时工作时的李萨如图形。

① 20MHz cos5020B 型通用示波器在双通道工作时，分 CHOP 和 ALT 两种方式。

CHOP 方式：即断续方式。两个通道信号以周期为 4 μs(频率为 250 kHz)的速度轮流切换，双通道扫线以时间分割的方式同时显示，当信号频率很低时，宜采用这种方式。

ALT 方式：即交替方式。一次完整的扫描只显示一个通道，接着是再一次完整的扫描显示下一个通道。这种方式主要用来在快速扫描时显示高频信号。

② 先把 XD22B 型低频信号发生器的电源插入交流电压插座，然后把"输出微调"旋钮逆时针旋至最小，"占空比"旋钮逆时针旋到底，"频率"置于 0 位，"输出衰减"置 0 位。按下电源开关，把导线一端接正弦波输出端，另一端接示波器输入端。调节"输出微调"旋钮，使信号发生器输出电压为 2 V 左右，"Y 方式"选择 CHOP(或 ALT)，"AC‐GND‐DC"选择 AC，配合调节"频率范围"旋钮和三个"频率"旋钮，示波器屏幕上会出现两个重叠在一起的李萨如图形，适当调节"垂直位移"旋钮，让一个图形上移，另一个图形下移，就可清楚看见两个通道同时工作时的李萨如图形。

六、测量记录和数据处理

待测量的信号加在 Y 轴上，由李萨如图形计算：

$$f_y = \frac{m}{n} f_x$$

李萨如图形	m	n	指示值 f_y/Hz	指示值 f_x/Hz	实验值 $f_y=\dfrac{m}{n}f_x/\mathrm{Hz}$

思 考 题

用示波器观察电信号波形时，在荧光屏上出现了下列一些不正常的图形，如图 4.4－12 所示，试分析产生的原因。应如何调节（电路的连接是正确的，示波器是完好的）？

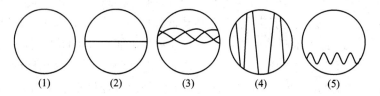

图 4.4－12　不正常图形

第五章 电磁学实验

实验 5 模拟法测绘静电场

静电场是静止电荷激发的电场，是物质存在的一种形式。在研究静电现象或电子束的运动规律时，非常需要了解带电体周围的电场分布情况。用计算方法求解静电场的分布，一般比较复杂，因此，常用试验手段来研究或测绘静电场。由于静电场空间不存在任何电荷的运动，所以就不能简单地采用磁电式仪表进行直接测量。为此，人们找到了一种新的方法——模拟法来进行间接的测量。本实验采用稳恒电流场来模拟静电场，从而间接地完成对静电场的测量。

模拟法在生产和科研中有着广泛的应用，它可用于电子管、示波管、电子显微镜等内部电极的研制。

一、实验目的

（1）了解用模拟法测绘静电场分布的原理。

（2）用模拟法测绘四种静电场的分布（长同轴电缆、平行板、长平行导线、长直导线对无限大平面），做出等势线和电场线。

二、实验仪器

HLD-DZ-Ⅲ型静电场描绘仪（或 QE-2 型静电场描迹仪）、水槽、四种电极板、导线若干。

三、实验仪器简介

静电场描绘仪由电源、电极架、电极板、同步探针等组成。

1. 电源

HLD-DZ-Ⅲ型静电场描绘仪的电源是数字式交流电源，也可以作为其他仪器的交流电源使用。它可以提供 0～12.5 V 连续可调的电压，电压的大小完全由"电压调节"旋钮控制。当面板中间的开关扳向"内侧"时，电压表指示的数值是电源的输出电压数值，由后盖的"电压输出"端输出。当扳向"外侧"时，电压表可作为通常的电压表使用，由后盖的"探针输入"端输入。

QE-2型静电场描迹仪稳压电源的面板图如图5.5-1所示。它可以提供0～20 V连续可调的稳定电压和最大值为300 mA的输出电流。电压的大小完全由"电压调节"旋钮控制，顺时针方向旋转，输出电压变大。"电压选择"旋钮分为"5 V"、"10 V"、"15 V"和"20 V"四挡，实际是电压表量程分挡开关，根据所测电压的大小将"电压选择"旋钮拨至合适的电压挡。例如所需电压为8 V，则将"电压选择"旋钮旋至"10 V"挡，然后调节"电压调节"旋钮，使电压表指示为8 V，这时电源的输出电压即为8 V。左下方的两个端钮为"输出"端钮。当面板中间的"电表指示"开关扳向"内侧"时，电压表指示的数值是稳压电源的输出电压数值。当扳向"外侧"时，电压表可作为通常的电压表使用，待测电压由右下方两个"输入"端钮接入。"输出"、"输入"端钮均有"＋"、"－"之分，红色为"＋"，黑色为"－"。

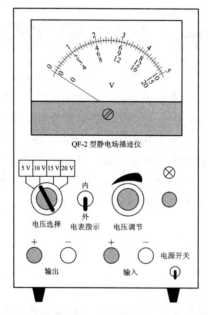

图 5.5-1　稳压电源的面板图

2. 电极架

电极架如图5.5-2所示，分为上下两层，上层是载纸板，翻起活动翻板，压入坐标纸，供模拟描迹用。下层左侧放置水槽和电极，右侧放置同步探针座，并供探针座在水平面内移动。

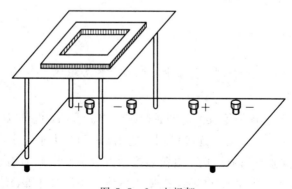

图 5.5-2　电极架

3. 电极板

电极板的外形如图 5.5－3 所示：图 5.5－3(a)为同心圆电极，图 5.5－3(b)为点状对电极，图 5.5－3(c)为平行板电极，图 5.5－3(d)为点与平板电极。实验时，将极板放入盛有自来水的水槽中，水槽中不要加太多的自来水，水的深度不超过电极高度；同时水也不能太少，以保证水槽内各处水的厚度均匀。

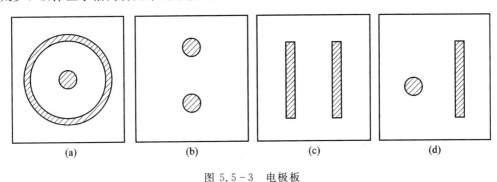

图 5.5－3 电极板

4. 同步探针

同步探针由装在探针座上的两根同样长短的弹性簧片及装在簧片末端的两根细而圆滑的钢针组成，如图 5.5－4 所示。下探针深入水槽自来水中，用来探测水中电流场各处的电势数值，上探针略向上翘起，两探针严格处于同一竖直线上，当探针座在电极架下层右边的平板上自由移动时，上、下探针探出等势点后，用手指轻轻按下上探针上的按钮，上探针针尖就在坐标纸上打出相应的等势点。

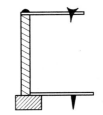

图 5.5－4 同步探针

四、实验原理

1. 用电流场模拟静电场的条件

静电场是由静止电荷产生的，在进行量化描述时使用物理量电场强度和电势来描述静电场，还常常用电场线和等势面来描述。等势面就是静电场中电势相等的点所组成的曲面，电场线处处与等势面垂直。因此，如果测绘出静电场中等势面的分布情况，也就可以画出电场线的分布情况。

对于几何形状简单、对称的带电体，可以通过理论计算来确定它们周围静电场的分布情况。但是，在实际中经常遇到形状复杂、不对称的带电体所形成的电场，例如示波管、显像管、电子显微镜、加速器内部的聚焦电场等，这些电场的分布情况都很难通过理论计算完全确定，而需要通过实验来测绘。

由于静电场中没有电流，因而磁电式电表就无法使用。另外，电表本身是导体，一旦把电表引入静电场中，由于静电感应，原来的静电场将发生畸变。因此，直接对静电场进行测绘是很困难的。故一般采用模拟的方法来测绘静电场。在本实验中我们用稳恒电流场来模拟静电场。模拟的依据是：尽管电流场和静电场是两种性质不同的场，但这两种场的场强和电势在一定条件下具有相似的数学表达式，空间分布状况也很相似。下面以同轴圆柱面之间的静电场为例来说明。

2. 同轴圆柱面之间的场强和电势分布

（1）无限长同轴圆柱面之间静电场的场强和电势分布。

设两无限长同轴圆柱面（同轴电缆）带有等量异号电荷，每单位长度圆柱面所带电荷密度为 λ，内、外圆柱面的半径为 a、b，外圆柱面接地，内圆柱面的电势为 U_a，如图 5.5-5 所示。

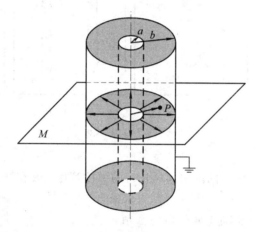

图 5.5-5　同轴电缆的电场分布

由于电荷是轴对称的，因而电场也是轴对称的。作一横截面 M，由高斯定理可求出两圆柱面之间、离开轴线的距离为 r 的 P 点的场强

$$E = \frac{\lambda}{2\pi\varepsilon r} = K\,\frac{1}{r} \qquad \left(K = \frac{\lambda}{2\pi\varepsilon}\right) \tag{5.5-1}$$

P 点的电势

$$U_P = \int_r^b E \cdot \mathrm{d}r = \int_r^b K\,\frac{1}{r}\mathrm{d}r = K\ln\frac{b}{r} \tag{5.5-2}$$

当 $r=a$ 时，$U_P=U_a$，所以

$$U_a = \int_r^b K\,\frac{1}{r}\mathrm{d}r = K\ln\frac{b}{a}$$

因此

$$K = \frac{U_a}{\ln\dfrac{b}{a}}$$

代入式（5.5-2），得

$$U_P = U_a\,\frac{\ln\dfrac{b}{r}}{\ln\dfrac{b}{a}} \tag{5.5-3}$$

（2）同轴圆柱面之间电流场的场强和电势分布。

在盛放自来水的水槽中，同心地放置一对圆形和圆环形电极，圆形电极的半径为 a，环形电极的内半径为 b，如图 5.5-6 所示，这正是同轴电缆被横截面 M 截得的形状。将圆形电极和环形电极分别与稳压电源的正极和负极连接。由于自来水的电导率分布是均匀的，电流将均匀地从圆形电极沿径向流向环形电极，所以电流密度 δ 必然呈辐射状。从欧姆定律的微分形式 $\boldsymbol{\delta}=\gamma\boldsymbol{E}$ 可知，$\boldsymbol{E}$ 的方向与 $\boldsymbol{\delta}$ 相同，所以两极之间在自来水内的场强 $\boldsymbol{E}$ 和电力线也必然呈辐射状，具有轴对称性。这种电场分布情况与前述同轴电缆之间静电场的分布情况相似，所不同的是静电场中只有电场，并无电流；而自来水中既有电场又有电流，因此电场中各点（即自来水中各点）的电势可以用电压表测出来。

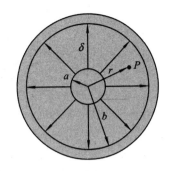

图 5.5 - 6　同心圆电极的电场分布

设两电极间自来水的厚度为 t，则距圆心为 r 的 P 点处的电流密度大小为

$$\delta = \frac{I}{S} = \frac{I}{2\pi rt}$$

由欧姆定律的微分形式 $\delta=\gamma E=\dfrac{E}{\rho}$（电导率 $\gamma=\dfrac{1}{\rho}$，ρ 为电阻率），得

$$E = \rho\delta = \frac{I\rho}{2\pi rt} = K'\frac{1}{r} \qquad \left(K' = \frac{I\rho}{2\pi t}\right) \qquad (5.5-4)$$

P 点的电势

$$U_P = \int_r^b E \cdot \mathrm{d}r = \int_r^b K'\frac{1}{r}\mathrm{d}r = K'\ln\frac{b}{r} \qquad (5.5-5)$$

当 $r=a$ 时，$U_P=U_a$（U_a 是稳压电源输出电压，即圆柱电极的电势），所以

$$U_a = \int_r^b K'\frac{1}{r}\,\mathrm{d}r = K'\ln\frac{b}{a}$$

因此

$$K' = \frac{U_a}{\ln\dfrac{b}{a}}$$

代入式(5.5-5)，得

$$U_P = U_a\frac{\ln\dfrac{b}{r}}{\ln\dfrac{b}{a}} \qquad (5.5-6)$$

式(5.5-6)与式(5.5-3)完全相同。因为 $K'=K$，所以式(5.5-4)与式(5.5-1)也完全相同。

由此可见，该电流场的场强和电势与同轴电缆之间静电场的场强和电势具有相同的数学表达式。这是我们用电流场模拟静电场的依据。因此，我们只要测绘出该电流场的等势线（从而得到电场线）的分布情况，也就间接测绘出了同轴电缆之间静电场的等势线（从而得到电场线）的分布情况。该电流场称为"模拟电场"，产生这个电场的电极称为"模拟电极"，横截面 M 称为"模拟面"。用模拟法测绘静电场就是用模拟电极产生的电流场来代替被模拟的静电场。

同理，可用点状对电极的电流场模拟两无限长平行导线之间的静电场。

用如图 5.5-3 所示的四种电极测绘的等势线如图 5.5-7 所示。

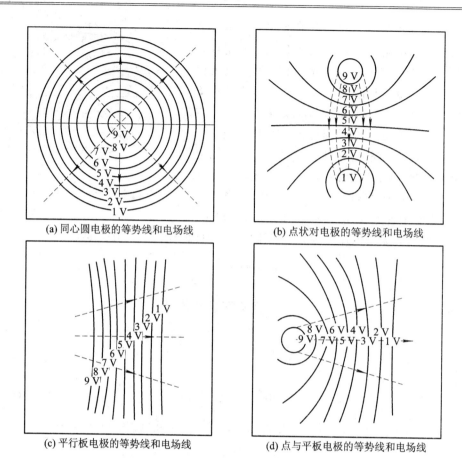

(a) 同心圆电极的等势线和电场线　　　　(b) 点状对电极的等势线和电场线

(c) 平行板电极的等势线和电场线　　　　(d) 点与平板电极的等势线和电场线

图 5.5-7　四种电极的等势线和电场线

五、实验步骤

（1）按照图 5.5-8 所示的接线图连接电路。

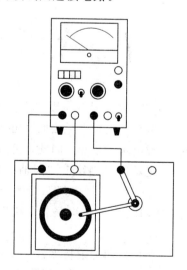

图 5.5-8　模拟法测绘静电场接线图（QE-2 型）

（2）打开测试电源通电。

（3）将"电压输出"端子与电极板的正负极相接，将待测电极放入电极架下层盛有自来水的水槽中，注意水的深度（仪器介绍中有说明）。

（4）"探针输入"端子与探针相连。

（5）将面板选择开关置于"内侧"，旋转"电压调节"旋钮选择输出电压。本实验中输出电压选择 10 V。

（6）将面板选择开关置于"外侧"，即可寻找等势点。

（7）将坐标纸平铺于电极架的上层并夹紧，移动探针选择电势点，压下上探针打点，然后移动探针选取其他等势点并打点，即可描出一条等势线。注意：电势点应散布均匀。

（8）重复上述步骤（6），可测绘出一系列不同电势的等势线。再根据电场线和等势线垂直的关系，画出相应的电场线。本实验要求测绘出 2 V、3 V、4 V、5 V、6 V、7 V、8 V 七条等势线。

（9）重复步骤（6）、（7），可测绘出不同电极的等势线和电场线。注意：调换新电极时，应先将电源"电压输出"调节到 0 V。

（10）测试结束时关闭电源，整理好导线，将水槽中水倒净，并将电极板反扣于桌面，以防止电极腐蚀。

六、注意事项

（1）做实验时，学生应自带坐标纸。

（2）长同轴电缆、长平行导线两电极的测绘为必做内容，另两个电极的测绘为选做内容，由指导教师视具体情况而定。

思 考 题

1. 模拟法测绘静电场的依据是什么？

2. 等势线和电场线之间有什么关系？

3. 如果将电极间电压正负极交换，那么所做的等势线会有变化吗？电场线的形状和方向会改变吗？

实验 6 惠斯通电桥测电阻

电桥电路是电学中的一种基本电路连接方式，应用非常广泛。电桥的特点是把四个电学元件连接成四边形（电阻、电容、电感等，称为"桥臂"），在一条对角线上连接电源，在另一条对角线上接探测器。所谓"桥"，就是通过探测器支路的电流通路。

电桥分为直流电桥和交流电桥两大类，直流电桥又分为单臂电桥和双臂电桥。单臂电桥又称惠斯通电桥，用于精确测量中值电阻（$1 \sim 10^6$ Ω）；双臂电桥又称开尔文电桥，用于测量低值电阻（1 Ω 以下），适用范围为 $10^{-6} \sim 10$ Ω。直流电桥的四个桥臂都是纯电阻元件，探测器一般用检流计。交流电桥使用交流电源供电（市电、信号发生器等），桥臂可以是电容、电感及其组合；探测器用耳机、示波器、振动式灵敏电流计或其他整流型交流电流计，可用于测量电容、电感、互感及耦合系数、磁性材料的磁导率、饱和特性、电容的介质损耗等。当电桥的平衡条件与频率有关时，还可用来测量频率或者液体的电量；通过传感器，电桥还可用于测温度、湿度、应变等。

电阻的测量是基本的电学测量，本实验使用箱式惠斯通电桥测量电阻。箱式惠斯通电桥将所有电路组装于箱体中，便于使用和携带。

一、实验目的

（1）了解惠斯通电桥各种类型的结构，掌握惠斯通电桥的工作原理。
（2）学会使用直流单臂电桥测量电阻。
（3）掌握电桥平衡条件。

二、实验仪器

QJ23 型直流电阻电桥、待测电阻。

三、实验原理

惠斯通电桥的原理如图 5.6-1 所示。

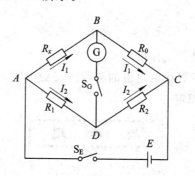

图 5.6-1　惠斯通电桥原理图

将标准电阻 R_0、R_1、R_2 和待测电阻 R_x 连成四边形，每一条边称为电桥的一个臂。在对角 A 和 C 之间接电源 E，在对角 B 和 D 之间接检流计 G。因此电桥由 4 个臂、电源和检流计三部分组成。当开关 S_E 和 S_G 接通后，各条支路中均有电流通过，检流计支路起了沟通 ABC 和 ADC 两条支路的作用，好像一座"桥"一样，故称为"电桥"。适当调节 R_0 和 R_1、R_2 大小，可能使桥上没有电流通过，即通过检流计的电流 $I_G = 0$，这时，B、D 两点的电势相等。电桥的这种状态称为平衡状态。这时 A、B 之间的电势差等于 A、D 之间的电势差，B、C 之间的电势差等于 D、C 之间的电势差。设 ABC 支路和 ADC 支路中的电流分别为 I_1 和 I_2，由欧姆定律得

$$I_1 R_x = I_2 R_1$$
$$I_1 R_0 = I_2 R_2$$

两式相除，得

$$\frac{R_x}{R_0} = \frac{R_1}{R_2} \tag{5.6-1}$$

式(5.6-1)称为电桥的平衡条件。

由式(5.6-1)得

$$R_x = \frac{R_1}{R_2} \cdot R_0 = KR_0 \tag{5.6-2}$$

即待测电阻 R_x 等于 $\frac{R_1}{R_2}$ 和 R_0 的乘积。通常将 $\frac{R_1}{R_2}$ 称为比率臂,在该实验中,比率臂即是倍率 K,R_0 称为比较臂。

四、实验步骤

(1) 被测电阻线接在 R_x 接线柱上,根据待测电阻的大概阻值范围按表 5.6-1 选择倍率 K。

表 5.6-1 待测电阻与倍率对应表

R_x/Ω	倍率 K
$1 < R_x < 10$	$\times 10^{-3}$
$10 < R_x \leqslant 10^2$	$\times 10^{-2}$
$10^2 < R_x \leqslant 10^3$	$\times 10^{-1}$
$10^3 < R_x \leqslant 10^4$	$\times 1$
$10^4 < R_x \leqslant 10^5$	$\times 10$
$10^5 < R_x \leqslant 10^6$	$\times 10^2$
$10^6 < R_x \leqslant 10^7$	$\times 10^3$

(2) 打开检流计开关,检查仪器上检流计的指针是否指向"0",如不指向"0",可旋转机械调零旋钮,使指针准确指向"0"。

(3) 把测量盘(比较臂)电阻 R_0 调到适当的阻值(一般根据未知电阻的大概阻值除以倍率来计算),按下"B"按钮,然后轻按"G"按钮,调节测量盘,使检流计平衡。

(4) 由公式 $R_x = K \cdot R_0$ 计算未知电阻 R_x。

五、注意事项

(1) 测量时,当 R_x 阻值超过 10 kΩ 时,或在测量时内附检流计灵敏度不够时,需外接灵敏检流计,以保证测量的可靠性(此时应将"G"三接线柱中间的接线柱与"内"接线柱短路,外接检流计接在中间接线柱和"外"接线柱上)。

(2) 测量时,×1000 的挡位不能为"0",以保证测量的准确度。

(3) 测量时"B"、"G"按钮按下后再旋转 90° 即可锁住,但在实际操作中尽量不要锁住,而应间歇通、断使用,以免电流长时间流过电阻,使电阻元件发热,从而影响测量的准确性。

(4) 电桥使用完毕后,要关掉检流计电源开关。

六、测量记录和数据处理

使用 QJ23 型直流单双臂电桥测量电阻(注：R_x 标称值根据所使用实际待测电阻值填写)。

R_x 标称值/Ω	倍率 K	R_0 测量次数			$\overline{R}_0$/Ω	$R_x = \dfrac{R_1}{R_2} R_0$
		1	2	3		

思 考 题

1. 电桥由哪几部分组成？电桥平衡的条件是什么？
2. 若待测电阻的一个接头接触不良，电桥能否调至平衡？
3. 实验中，表 5.6 - 1 的倍率是如何确定的？

实验 7   电位差计测电动势

电位差计是测量电动势和电势差的主要仪器之一，应用补偿原理测量，测量的精密度较高，使用方便，还常被用以间接测量电流、电阻和校正各种精密电表，因此在科学研究和工业生产中应用广泛。

一、实验目的

(1) 了解电位差计的结构。
(2) 掌握用电位差计测电动势的原理。
(3) 学会用电位差计测电源的电动势。

二、实验仪器

UJ24 型直流电位差计，FB204A 型标准电势与被测电势，AC5 - 7 型直流检流计。

三、实验仪器简介

本实验所使用的电位差计为箱式电位差计。和板式电位差计工作原理相同，其测量上限为 1.61 110 V，最小分度为 10 μV，配用分压箱扩大测量范围后，电位差计测量上限可扩大至 600 V，电位差计的工作电流设定为 0.1 mA，相当于每伏 10 kΩ 电阻，仪器的面板布置如图 5.7 - 1 所示。

电位差计外接 FB204A 型标准电势与待测电势仪，FB204A 型标准电势与待测电势仪器可代替标准电池接入测量回路中，具有极高的稳定度。同时带 3 V、6 V 二挡的电位差计工作电源和 0～1.90 V 的待测电势，因此，该仪器与电位差计配套使用时非常方便。其待测电势输出分别为 0.015 V、0.03 V、0.06 V、0.11 V、0.17 V、0.27 V、0.57 V、1.02 V、1.53 V、1.90 V，本实验测量上限为 1.611 10 V。

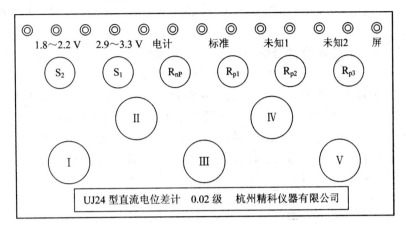

图 5.7 - 1　UJ24 型直流电位差计的面板

图中，R_{P1}～R_{P3} 为工作电流调节旋钮；R_{nP} 为温度补偿开关；S_1 为测量转换开关；S_2 为检流计开关；Ⅰ～Ⅴ为测量盘调节旋钮；面板上部的 13 个端钮分别供接检流计、标准电池、被测电动势、工作电源及屏蔽用。

四、实验原理

电位差计是一种能够精确测量电源电动势或电路两端电位差的仪器。电位差计有两种形式：板式和箱式。前者原理清楚，后者结构紧凑，不论板式还是箱式，都是利用补偿法原理工作的。

我们知道，伏特计可以测量电路各部分的电压，但无法精确测量电源的电动势。在图 5.7 - 2 中，根据闭合电路的欧姆定律

$$\varepsilon = U + Ir \qquad\qquad (5.7 - 1)$$

式中，ε 为电源电动势，U 为电源的端电压，I 为闭合电路的电流，r 是电源的内电阻。

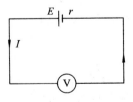

图 5.7 - 2

一旦伏特计与电源连接，组成闭合电路，就有电流产生，该电流流经电源内阻时，会产生电压降，伏特计的读数是端电压 U，它总是小于电源的电动势 ε。由式(5.7 - 1)还可看出：只有当 $I=0$ 时，$\varepsilon=U$ 才成立，即只有电源内阻 r 上的电压降（通常称为内压降）为零，才不会对电动势的测量产生影响，故在测量电源的电动势时，首先要保证没有电流通过待测电源。因此可以设想如图 5.7 - 3 所示的电路，其中 E_S 为已知电动势，E_X 是待测电动势，将它们极性相同的一端连接起来，检流计 G 用来检查电路中有无电流。若 G 显示电路

中没有电流，就表示 $E_X = E_S$。这种测量方法，相当于用已知电动势 E_S 去补偿待测电动势 E_X，故称为"补偿法"。

如果直接利用图 5.7-3 所示电路进行实验或者测量，对于每一个待测电动势，都必须有一个与之大小相等的已知电动势去补偿，这显然是无法实现的。于是，人们设计了一种非常奇妙的电路：先用标准电池去校准一段精密电阻上的工作电流，再用这个经过校准的工作电流在阻值连续可调的精密电阻丝上产生量值可求、大小合适的电位差来代替图 5.7-3 中的 E_S，这就是电位差计的基本工作原理。实际的板式电位差计原理如图 5.7-4 所示。图中 E_S 为标准电池电动势，E_X 为待测电源电动势，G 为检流计，MN 是一段均匀电阻丝，其中 AD 段电阻用 R_{AD} 表示，$A'D'$ 段电阻用 $R_{A'D'}$ 表示，R 为限流电阻，调节 R 的大小可改变 I 的大小。E 为工作电源，其电动势要大于 E_S 和 E_X。测量时先将双刀双掷开关 S_G 扳向 1，把标准电池 E_S 接入。调节 R，改变 I，当检流计 G 指向零时，表明 E_S 恰好补偿了工作电流 I 在电阻 R_{AD} 上的电压降，即

$$E_S = IR_{AD} \tag{5.7-2}$$

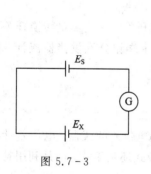

图 5.7-3

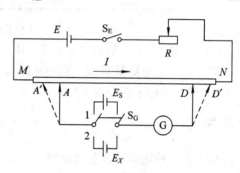

图 5.7-4　板式电位差计原理图

这一步骤称为校准工作电流，此后保持 R 不变，从而保证工作电流 I 不变。然后接入待测电动势 E_X，一般由于 $E_X \neq IR_{AD}$，故检流计中将有电流流过。这时调节 A 和 D 在 MN 上的位置，如果调至 A'、D' 处，G 中无电流流过，则表明了 E_X 补偿了 I 在 $A'D'$ 段电阻丝上的电压降，即

$$E_X = IR_{A'D'} \tag{5.7-3}$$

由于工作电流是校准过的，在式(5.7-3)和式(5.7-2)中 I 保持不变，故由式(5.7-3)和式(5.7-2)得

$$\frac{E_X}{E_S} = \frac{R_{A'D'}}{R_{AD}}$$

由于电阻丝是均匀的。AD 段和 $A'D'$ 段的电阻之比就是它们的长度之比，即

$$\frac{E_X}{E_S} = \frac{L_{A'D'}}{L_{AD}} \tag{5.7-4}$$

式中，L_{AD} 和 $L_{A'D'}$ 分别是电阻丝 AD 和 $A'D'$ 的长度。由式(5.7-4)得

$$E_X = \frac{L_{A'D'}}{L_{AD}} \cdot E_S \tag{5.7-5}$$

因此，只要测出 $L_{A'D'}$ 和 L_{AD}，根据式(5.7-5)即可求出待测电源的电动势。

同理，将 E_X 换成某一电路的两端，就可精确测出这一电路两端的电位差。

五、实验步骤

1. 使用前的准备

（1）测量前，将"检流计开关"、"测量转换开关"置于"断"的位置，将仪器打开预热15 min。用导线将"标准电势"与电位差计上的"标准"端连接起来（注意极性不要接反）。

（2）将"电压输出"与电位差计的工作电源两端相连，电位差计的工作电源为位于左上角地线右边的三个黑色接线柱，其中标有"－"的为负极，正极应该选择"2.9～3.3 V"接线柱（注意极性不要接反）。

（3）将"被测电势"两端钮接至电位差计的"未知1"端，将"被测电势选择"量程开关打在所选择的位置上。

（4）将 AC5‑7 型直流检流计接入电位差计的检流计接线柱。

2. 测量 1.61110 V 以下电动势（电压）方法

（1）调节电位差计的工作电流。

当外接标准电池时，调节工作电流前，应考虑标准电池的电动势受温度的影响。在某一温度下标准电池电动势可按下式计算，计算结果化整的位数为 0.000 01 V。

$$E_1 = E_{20} - 0.000\,040\,6(t-20) - 0.000\,000\,95(t-20)^2$$

式中：E_1 为 t℃时标准电池的电动势，E_{20} 为 ＋20℃时标准电池的电动势，t 为测量时室内环境温度。

计算后，在温度补偿盘上调整好相对应的数值。例如通过计算得出 t 温度时标准电池的电动势为 1.018 75 V，应将 UJ24 电位差计的温度补偿盘置于"75"位置。

当外接"FB2044 型标准电势与被测电动势"仪器时，可将 UJ24 上温度补偿盘示值置于 1.018 60 V 处（因电位差计内部已设定该示值的电势），本实验可直接将温度补偿盘示值置于 1.018 60 V 处。

将"测量转换开关"置于"标准"位置，"检流计开关"置于"粗"的位置，调节工作电流"粗"、"中"盘，使检流计指示为零，再将"检流计开关"置于"细"的位置，再次调节工作电流使检流计指示为零，即可认为工作电流调节已完成，其工作电流为 0.1 mA，然后将"检流计开关"置于"断"的位置。

（2）测量未知电动势。

当未知电动势接在"未知1"端钮时，"测量转换开关"应置于"未知1"位置，然后将"检流计开关"置于"粗"的位置，调节测量盘使检流计指示为零，再依次将"检流计开关"置于"中"、"细"的位置，再次调节测量盘使检流计指示为零，此时，六个测量盘所指示值之和为未知测电动势值。

在测量过程中须经常校对工作电流，以保证测量的准确性。

在测量时，检流计出现大的冲击，应迅速按下短路按钮，待查明原因，也应将"检流计开关"置于"粗"的位置，观察检流计无大的偏转，再打向"中、细"的位置进行测量。

六、测量记录和数据处理（室温 t：℃）

分别测量 0.57 V 和 1.53 V 共两个挡位的电动势，各测量 6 次。

测量次数	0.57 V 挡位电动势		1.53 V 挡位电动势	
	E_X/V	$\Delta E_X/V$	E_X/V	$\Delta E_X/V$
1				
2				
3				
4				
5				
6				
平均值				

$$\overline{\varepsilon_{X0.57V}} = \underline{\qquad} \text{ V}$$

$$\overline{\Delta\varepsilon_{X0.57V}} = \underline{\qquad} \text{ V}$$

$$\varepsilon_{X0.57V} = \overline{\varepsilon_{X0.57V}} \pm \overline{\Delta\varepsilon_{X0.57V}} = \underline{\qquad} \text{ V}$$

$$E_{X0.57V} = \frac{\overline{\Delta\varepsilon_{X0.57V}}}{\overline{\varepsilon_{X0.57V}}} \times 100\% = \underline{\qquad}$$

$$\overline{\varepsilon_{X1.53V}} = \underline{\qquad} \text{ V}$$

$$\overline{\Delta\varepsilon_{X1.53V}} = \underline{\qquad} \text{ V}$$

$$\varepsilon_{X1.53V} = \overline{\varepsilon_{X1.53V}} \pm \overline{\Delta\varepsilon_{X1.53V}} = \underline{\qquad} \text{ V}$$

$$E_{X1.53V} = \frac{\overline{\Delta\varepsilon_{X1.53V}}}{\overline{\varepsilon_{X1.53V}}} \times 100\% = \underline{\qquad} \text{ V}$$

思 考 题

1. 简述补偿法测量电动势的工作原理。

2. 测量盘调节钮调节的是电阻，但面板上显示的数值为电压，简述其原理。

3. 如果检流计指针始终偏向一边无法调节平衡，那么导致这一现象的主要因素有哪些？

实验 8　利用霍尔效应测磁场

1879 年，24 岁的霍尔在研究载流导体在磁场中受力的性质时发现了霍尔效应。霍尔效应是电磁场的基本现象之一。利用此现象制成的各种霍尔元件，特别是测量元件，被广泛地应用于工业自动化和电子技术。

霍尔效应的研究一直在发展，量子霍尔效应的发现是 20 世纪凝聚态物理学的一项辉煌成就。1980 年德国物理学家克劳斯·克利青(Klaus Von Klitzing)等人发现了量子霍尔效应，为此他获得了 1985 年度诺贝尔物理学奖。1998 年美籍华裔物理学家崔琦等人发现了分数量子霍尔效应，获得了 1998 年度诺贝尔物理学奖。

一、实验目的

（1）了解霍尔效应实验原理以及有关霍尔器件对材料要求的知识。

(2) 掌握用霍尔器件测长直螺线管磁场的方法。

(3) 掌握用霍尔器件测线圈磁场的方法。

二、实验仪器

HJL 霍尔效应磁场测定仪、长直螺线管、线圈。

三、实验原理

从本质上讲，霍尔效应是运动的带电粒子在磁场中受洛伦兹力作用而引起的偏转。当带电粒子(电子或空穴)被约束在固体材料中时，这种偏转就导致在垂直电流和磁场的方向上产生正负电荷的聚积，从而形成附加的横向电场，即霍尔电场。

对于图 5.8 - 1(a)所示的 N 型半导体试样，若要 X 方向通以电流 I_S，在 Z 方向加磁场 B，则试样中的载流子(电子)将受洛伦兹力的作用，其大小为

$$F_g = qvB = evB \tag{5.8-1}$$

在 F_g 作用下，电子流发生偏转，聚积到薄片的横向端面 A 上，而使横向端面 A' 上出现了剩余正电荷，由此在 Y 方向形成了一个横向附加电场 E_H，称霍尔电场，方向由 A' 指向 A(电场的指向取决于试样的导电类型)：对 N 型试样，霍尔电场逆 Y 方向，P 型试样霍尔电场沿 Y 方向，如图 5.8 - 1(b)所示，电场对载流子产生一个方向和 F_g 相反的静电力 F_E，其大小为

$$F_E = eE_H$$

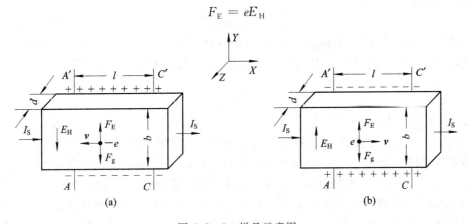

图 5.8 - 1　样品示意图

显然，该电场的作用是阻碍载流子的进一步堆积，当载流子所受的横向电场力 eE_H 与洛伦兹力 evB 相等时，样品两侧电荷的积累就达到动态平衡，故有

$$F_g = qvB = evB = eE_H \tag{5.8-2}$$

其中，v 是载流子在电流方向上的平均漂移速度。

设试样的宽度为 b，厚度为 d，载流子浓度为 n，则

$$I_S = nevBd \tag{5.8-3}$$

这时，A、A' 间的霍尔电势差为

$$U_H = E_H b = vbB$$

由式(5.8 - 2)、式(5.8 - 3)可得

$$U_H = E_H b = \frac{1}{ne} \frac{I_s B}{d} = R_H \frac{I_s B}{d} \tag{5.8-4}$$

即霍尔电压 U_H（A、A' 电极之间的电压）与 $I_s B$ 乘积成正比，与试样厚度成反比，比例系数 $R_H = \frac{1}{ne}$ 称为霍尔系数，它是反映材料霍尔效应强弱的重要参数，它的大小与材料特性、几何尺寸有关，只要测出 U_H（V）以及知道 I_s（A）、B（T）和 d（cm），就可按下式计算 R_H（cm^3/C）：

$$R_H = \frac{U_H d}{I_s B} \times 10^8 \tag{5.8-5}$$

上式中的 10^8 是由单位换算而引入的。

由 R_H 可进一步确定以下参数：

（1）由 R_H 的符号（或霍尔电压的正、负）判断样品的导电类型：判断方法是按图 5.8-1 所示的 I_s 和 B 的方向，若测得的 $U_H = U_{AA'} < 0$（即点 A 的电位低于 A' 的电位），则 R_H 为负，样品属 N 型，反之则为 P 型。

（2）由 R_H 求载流子浓度 n：即 $n = \frac{1}{|R_H|e}$。应该指出，这个关系式是假定所有的载流子都具有相同的漂移速度得到的，严格一点，考虑载流子的速度统计分布，需引入 $3\pi/8$ 的修正因子（可参阅黄昆，谢希德的《半导体物理学》）。

（3）结合电导率的测量，求载流子的迁移率 μ：电导率 σ 与载流子浓度 n 以及迁移率 μ 之间有如下关系：

$$\sigma = ne\mu \tag{5.8-6}$$

即 $\mu = |R_H|\sigma$。设 A'、C' 间的距离为 l，样品的横截面积为 $S = bd$，流经样品的电流为 I_s，在零磁场下，若测得 A、C（或 A'、C'）间的电位差为 U_σ，则可由下式求得：

$$\sigma = \frac{I_s l}{U_\sigma S} \tag{5.8-7}$$

通过 σ 值，即可求出 μ。

根据上述可知，要得到大的霍尔电压，关键是要选择霍尔系数大（即迁移率 μ 高、电阻率亦较高）的材料。因 $R_H = \mu\rho$，就金属导体而言，μ 和 ρ 值均很低，而不良导体 ρ 的值虽然高，但 μ 极小，因而上述两种材料的霍尔系数都很小，不能用来制造霍尔器件。半导体的 μ 高，ρ 适中，是制造器件较理想的材料，由于电子的迁移率比空穴的迁移率大，所以霍尔器件都采用 N 型材料。其次霍尔电压的大小与材料的厚度成反比，因此薄膜型的霍尔器件的输出电压较片状的霍尔器件的要高得多。就霍尔器件而言，其厚度是一定的，所以实用上采用

$$K_H = \frac{1}{ned} \tag{5.8-8}$$

来表示器件的灵敏度，K_H 称为霍尔元件的灵敏度，单位为 mV/mA·T。

由式（5.8-4）可知：霍尔电压 U_H 正比于电流 I_s 和外磁场 B。显然 U_H 的方向既随电流 I_s 的换向而换向，也随磁场 B 的换向而换向。如果霍尔元件的灵敏度 K_H 已经测定，用仪器测得 I_s 和相应的 U_H，就可以算出霍尔元件所在处的磁感应强度为

$$B = \frac{U_H ned}{I_s} = \frac{U_H}{I_s K_H} \tag{5.8-9}$$

这也就是利用霍尔效应测磁场的原理。

对于单一环线圈，沿圆环轴线的磁场强度分布为

$$B = \frac{\mu_0 I R^2}{2(R^2 + L^2)^{\frac{3}{2}}}$$

而对于图 5.8-2 所示螺线管，管中 P 点的磁场强度可表示为

$$B = \frac{\mu_0 I R^2}{2}(\cos\beta_2 - \cos\beta_1)$$

从上式可以推论出：

(1) 对于无限长螺线管，有 $\beta_1 = \pi$，$\beta_2 = 0$，所以 $B = \mu_0 n I$。

(2) 对于"半无限长"螺线管，在端点处有 $\beta_1 = \frac{\pi}{2}$，$\beta_2 = 0$，所以 $B = \frac{1}{2}\mu_0 n I$。

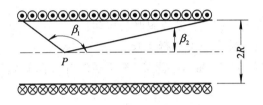

图 5.8-2 长直螺线管

四、实验步骤

1. 测量长直螺线管内轴线上的磁感应强度

(1) 正确连接好 HJL 霍尔效应磁场测定仪与螺线管之间的三组连线。测定仪面板上的"I_S 输出"、"I_M 输出"和"U_H 输入"三对接线柱应分别与螺线管上的"工作电流"、"励磁电流"、"霍尔电压"三对相应的接线柱正确连接。

(2) 将 I_S、I_M 调节旋钮逆时针方向旋到底，使其输出电流趋于最小状态，然后再开机。

(3) 保持励磁电流 $I_M = 0.5$ A，工作电流 $I_S = 5.0$ mA 不变，测绘 U_H-X 曲线，记入下表中，并作图处理。

探头坐标 X/cm	0	1	2	3	4	5	6	7	8	9	10	11	12	13	14	15	16	17	18
霍尔电压 U_H/mV																			

(4) 计算 $X = 0$ 处的磁感应强度 B

$$B = \frac{U_H}{I_S K_H} = \underline{\hspace{3cm}} \text{T}$$

2. 测量线圈轴线上的磁感应强度

(1) 正确连接好 HJL 霍尔效应磁场测定仪与线圈之间的三组连线。测定仪面板上的"I_S 输出"、"I_M 输出"和"U_H 输入"三对接线柱应分别与线圈上的"工作电流"、"励磁电流"、"霍尔电压"三对相应的接线柱正确连接。

(2) 将 I_S、I_M 调节旋钮逆时针方向旋到底，使其输出电流趋于最小状态，然后再

开机。

（3）保持励磁电流 $I_M=0.5$ A，工作电流 $I_S=5.0$ mA 不变，测绘 U_H - X 曲线，记入下表中，并作图处理。

探头坐标 X/cm	0	1	2	3	4	5	6	7	8	9	10	11	12	13	14	15	16	17	18
霍尔电压 U_H/mV																			

五、注意事项

（1）注意极性，正确接线；先接线，后加电！

（2）加电前，必须先使 I_S 和 I_M 调节旋钮置于零位置，使输出处于最小状态（逆时针旋到底）才能开机加电！

（3）霍尔器件严禁触摸、扭动！磁线圈严禁扭动！

（4）加电后，预热数分钟后即可进行实验。

（5）关机前，应将"I_S 调节"和"I_M 调节"旋钮逆时针方向旋到底，使其输出电流趋于零，然后才可切断电源。

思 考 题

1. 霍尔效应为什么在半导体中的作用特别显著？

2. 采用霍尔元件测量磁场时，具体要测量哪些物理量？

3. 已知霍尔样品的工作电流 I_S 及磁感应强度 B 的方向，如何判断样品的导电类型？

实验9　磁聚焦法测定电子荷质比

电子电荷 e 和电子质量 m 之比 e/m 称为电子荷质比，它是描述电子性质的重要物理量。历史上就是首先测出了电子的荷质比，然后测定了电子的电荷量，从而得出了电子的质量，证明原子是可以分割的。

测定电子荷质比可使用不同的方法，如磁聚焦法、磁控管法、汤姆逊法等。本实验介绍一种简便测定 e/m 的方法——纵向磁场聚焦法。它是将示波管置于长直螺线管内，并使两管同轴安装。当偏转板上无电压时，从阴极发出的电子，经加速电压加速后，可以直射到荧光屏上打出一亮点。若在偏转板上加一交变电压，则电子将随之而偏转，在荧光屏上形成一条直线。此时，若给长直螺线管通以电流，使之产生一轴向磁场，那么，运动电子处于磁场中，因受到洛伦兹力作用而在荧光屏上再度会聚成一亮点，这就叫做纵向磁场聚焦。由加速电压、聚焦时的励磁电流值等有关参量，便可计算出 e/m 的数值。

一、实验目的

（1）加深电子在电场和磁场中运动规律的理解。

（2）了解电子射线束磁聚焦的基本原理。

（3）学习用磁聚焦法测定电子荷质比 e/m。

二、实验仪器

　　LB-EB3 型电子荷质比实验仪、长直螺线管、导线。

三、实验原理

　　由电磁学可知，一个带电粒子在磁场中运动要受到洛伦兹力的作用。设带电粒子是质量和电荷分别为 m 和 e 的电子，则它在均匀磁场中运动时，受到的洛伦兹力 f 的大小为

$$f = evB \sin(v, \boldsymbol{B}) \tag{5.9-1}$$

式中，v 是电子运动速度的大小，B 是均匀磁场中磁感应强度的大小，$(v, \boldsymbol{B})$ 则是电子速度方向与磁感应强度方向（即磁场方向）间的夹角。下面对(1)式进行讨论：

　　(1) 当 $\sin(v, \boldsymbol{B}) = 0$ 时，$f = 0$，表示电子运动方向与磁场方向平行（即 v 与 $\boldsymbol{B}$ 方向一致或反向）时，磁场对运动电子没有力的作用。说明电子沿着磁场方向做匀速直线运动。

　　(2) 当 $\sin(v, \boldsymbol{B}) = 1$ 时，$f = evB$，表示电子在垂直于磁场的方向运动时，受到的洛伦兹力最大，其方向垂直于由 v，$\boldsymbol{B}$ 组成的平面，指向由右手螺旋定则决定。由于洛伦兹力 f 与电子速度 v 方向垂直，所以，f 只能改变 v 的方向，而不能改变 v 的大小，它促使电子做匀速圆周运动，为电子运动提供了向心加速度，即

$$f = evB = m \frac{v^2}{R}$$

　　由此可得电子做圆周运动的轨道半径为

$$R = \frac{v}{\dfrac{e}{m}B} \tag{5.9-2}$$

　　式(5.9-2)表示，当磁场的 B 一定时，R 与 v 成正比，说明速度大的电子绕半径大的圆轨道运动，速度小的电子绕半径小的圆轨道运动。

　　电子绕圆轨道运动一周所需的时间为

$$T = \frac{2\pi R}{v} = \frac{2\pi}{\dfrac{e}{m}B} \tag{5.9-3}$$

　　式(5.9-3)表示电子做圆周运动的周期 T 与电子速度的大小无关。也就是说，当 $\boldsymbol{B}$ 一定时，尽管从同一点出发的所有电子各自的速度大小不同，但它们运动一周的时间却是相同的。因此，这些电子在旋转一周后，都同时回到了原来的位置，如图 5.9-1 所示。

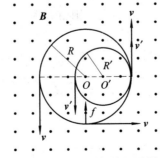

图 5.9-1　电子在磁场中的圆周运动

(3) 当 $\sin(v, \boldsymbol{B}) = \sin\theta(0 < \theta < +\pi/2)$ 时，$f = evB\sin\theta$，表示电子运动方向与磁场方向斜交。这时可将电子速度 v 分解成与磁场方向平行的分量 $v_{/\!/}$ 及与磁场方向垂直的分量 $v_\perp$，如图 5.9-2 所示。这时 $v_{/\!/}$ 就相当于上面"讨论(1)"的情况，它使电子在磁场方向做匀速直线运动。而 $v_\perp$ 则相当于上面"讨论(2)"的情况，它使电子在垂直于磁场方向的平面内做匀速周围运动。因此，当电子运动方向与磁场方向斜交时，电子的运动状态实际上是这两种运动的合成，即它一方面做匀速圆周运动，同时又沿着磁场方向做匀速直线运动向前行进，形成了一条螺旋线的运动轨迹。这条螺旋轨道在垂直于磁场方向的平面上的投影是一个圆，如图 5.9-3 所示。与上面"讨论(2)"的情况同理，可得这个圆轨道的半径为

$$R_\perp = \frac{v_\perp}{\dfrac{e}{m}B} \qquad\qquad (5.9-4)$$

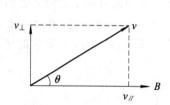

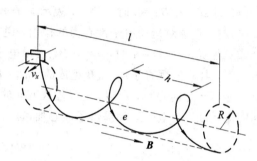

图 5.9-2　电子运动方向与磁场斜交　　　图 5.9-3　电子在磁场中的螺旋运动

周期为

$$T_\perp = \frac{2\pi R_\perp}{v_\perp} = \frac{2\pi}{\dfrac{e}{m}B} \qquad\qquad (5.9-5)$$

这个螺旋轨道的螺距，即电子在一个周期内前进的距离为

$$h = v_{/\!/}\, T_\perp = \frac{2\pi v_{/\!/}}{\dfrac{e}{m}B} \qquad\qquad (5.9-6)$$

由以上三式可见，对于同一时刻电子流中沿螺旋轨道运动的电子，由于 $v_\perp$ 的不同，它们的螺旋轨道各不相同，但只要磁场 $\boldsymbol{B}$ 一定，那么，所有电子绕各自的螺旋轨道运动一周的时间 $T_\perp$ 却是相同的，与 $v_\perp$ 的大小无关。如果它们的 $v_{/\!/}$ 也相同，那么，这些螺旋轨道的螺距 h 也相同。这说明，从同一点出发的所有电子，经过相同的周期 $T_\perp$、$2T_\perp$…后，都将汇聚于距离出发点为 h、$2h$…处，而 h 的大小则由 B 和 $v_{/\!/}$ 来决定。这就是用纵向磁场使电子束聚焦的原理。

根据这一原理，我们将阴极射线示波管安装在长直螺线管内部，并使两管的中心轴重合。当给示波管灯丝通电加热时，阴极发射的电子经加在阴极与阳极之间直流高压 U 的作用，从阳极小孔射出时可获得一个与管轴平行的速度 v_1，若电子质量为 m，根据功能原理有

$$\frac{1}{2}mv_1^2 = eU$$

则电子的轴向速度大小为

$$v_1 = \sqrt{\frac{2eU}{m}} \tag{5.9-7}$$

实际上，电子在穿出示波管的第二阳极后，形成了一束高速电子流，它射到荧光屏上，就打出一个光斑。为了使这个光斑变成一个明亮、清晰的小亮点，必须将具有一定发射程度的电子束沿示波管轴向汇聚成一束很细的电子束（称为"聚焦"），这就要调节聚焦电极的电势，以改变该区域的电场分布。这种靠电场对电子的作用来实现聚焦的方法，称为静电聚焦，可调节"聚焦"旋钮来实现。

若在 Y 轴偏转板上加一交变电压，则电子束在通过该偏转板时即获得一个垂直于轴向的速度 v_2。由于两极板间的电压是随时间变化的，因此，在荧光屏上将观察到一条直线。

由上可知，通过偏转板的电子，既具有与管轴平行的速度 v_1，又具有垂直于管轴的速度 v_2，这时若给螺线管通以励磁电流，使其内部产生磁场（近似认为长直螺线管中心轴附近的磁场是均匀的），则电子将在该磁场作用下做螺旋运动。这与前面"讨论（3）"的情况完全相同，这里的 v_1 就相当于 $v_{/\!/}$，v_2 相当于 $v_\perp$。

将式(5.9-7)代入式(5.9-6)，可得

$$\frac{e}{m} = \frac{8\pi^2 U}{h^2 B^2} \tag{5.9-8}$$

式中，$B = \dfrac{\mu_0 NI}{\sqrt{L^2 + D^2}}$。

将 B 代入式(5.9-8)，得

$$\frac{e}{m} = \frac{8\pi^2 U(L^2 + D^2)}{(\mu_0 NIh)^2} = \frac{8\pi^2(L^2 + D^2)}{(\mu_0 Nh)^2} \cdot \frac{U}{I^2} \tag{5.9-9}$$

式中，μ_0 为真空磁导率，$\mu_0 = 4\pi \times 10^{-7}$ H/m，N 为螺线管线圈的总匝数，L、D 分别为螺线管的长度和直径。这里 N、L、D、h 的数值由实验室给出。因此测得 I 和 U 后，就可求得电子的荷质比 e/m 的值。

四、实验步骤

（1）将螺线管南北放置，调节"电流调节"旋钮至最小值，打开电源预热 5 min。

（2）将"交流－直流"选择开关扳到接"直流"一边，适当调节 U_{A1} 和 U_{A2}，进行电聚焦，然后调节 U_G（辉度），使荧光屏上出现一明亮的细点。

（3）将"X－Y"选择开关扳到接"X"一边，进行 X 调零，并调节 X 偏转，再调到"Y"处，分别进行 Y 调零和 Y 偏转的调节，使亮点处于中心位置。

（4）将"交流－直流"选择开关扳到接"交流"一边，调节 Y 偏转，使屏幕上的亮线长度适中（2/3 屏幕直径左右）。

（5）调节励磁电流的"电流调节"旋钮，从零逐渐增加螺线管中的电流强度 I，使荧光屏上的直线光迹一面旋转一面缩短，当电流（磁场）增强到某一程度时，又聚集成一细点。第一次聚焦时，螺旋轨道的螺距 h 恰好等于 Y 偏转中点至荧光屏的距离。记下聚焦时电流表的读数。

（6）重复以上测量过程 3 次，测量出电流值，求出平均值，带入公式(5.9-8)。

（7）记录螺线管的 N、L、D 及螺距 h 的值。

五、测量记录和数据处理

(1) 将所测的各数据记入下表中：$h=0.148$ m，$L=0.205$ m，$D=0.090$ m，$N=1160$ 匝。

测量次数	励磁电流/A	示波管电压 U_{A2}/V
1		
2		
3		
平均值		

计算：

$$\left(\frac{\bar{e}}{m}\right) = \underline{\qquad\qquad}$$

$$E = \frac{\left|\left(\dfrac{\bar{e}}{m}\right) - \left(\dfrac{e}{m}\right)_0\right|}{\left(\dfrac{e}{m}\right)_0} \times 100\% = \underline{\qquad\qquad}$$

(2) 求出励磁电流 I 和示波管电压 U_{A2} 的平均值，用式(5.9-8)计算各 e/m 值，并求出 e/m 的平均值及其绝对误差 $\Delta\left(\dfrac{e}{m}\right)$。测量结果表示为 $\dfrac{e}{m} = \left(\dfrac{\bar{e}}{m}\right) \pm \left(\Delta\dfrac{\bar{e}}{m}\right)$。

(3) 将求得的 e/m 值与公认值(1.7588047×10^{11} C/kg)进行比较，求出相对百分误差。

六、注意事项

(1) 螺线管应南高北低放置，聚焦光点应尽量细小，但不要太亮，以免难以判断聚焦的好坏。

(2) 在打开电源前，应先调节励磁电源输出为"零"或最小，测量完毕时要把励磁电流调到最小，再关电源，不要让螺线管长时间地处于大电流通电状态，防止螺线管过热烧毁。

思 考 题

1. 调节螺线管中的电流强度 I 的目的是什么？

2. 静电聚焦($B=0$)后，加偏转电压时，荧光屏上呈现的是一条直线而不是一个亮点，为什么？

3. 加上磁场后，磁聚焦时，如何判定偏转荧光屏间是 1 个螺距，而不是 2 个、3 个或更多？

第六章 光学实验

实验10 干涉法测透镜的曲率半径

一、实验目的

(1) 了解读数显微镜的结构和使用方法。

(2) 理解牛顿环的干涉原理。

(3) 掌握用干涉法测透镜曲率半径的方法。

二、实验仪器

牛顿环仪、读数显微镜、钠灯。

三、实验仪器简介

读数显微镜是将测微螺旋和显微镜组合起来精确测量长度的仪器。它结构简单、操作方便，除了作为精确测量长度使用外，还可以作为一般观察的显微镜使用。其测长原理和方法与螺旋测微计类似。

本实验所用的KF-JCD3型读数显微镜的构造如图6.10-1所示。

目镜2插在目镜筒1内，3是目镜止动螺旋，可以固定目镜。转动调焦手轮4，可以使物镜上下移动进行调焦，使待观测物成像清晰。松开底座手轮8，可以上下调节支架7。

四、实验原理

在一块水平的玻璃片B上，放一曲率半径R很大的平凸透镜A，把它们装在框架D中，这样就组成了牛顿环仪，如图6.10-2和图6.10-3所示。框架上有三个螺旋C，用来调节A和B的相对位置，以改变牛顿环的形状和位置。

在牛顿环仪里，A、B之间形成了一劈形空气薄膜。如图6.10-4所示，当平行单色光垂直照射牛顿环仪时，由于透镜下表面所反射的光和平面玻璃上表面所反射的光发生干涉，在平凸透镜下表面将呈现干涉条纹，这些干涉条纹都是以平凸透镜和平面玻璃片的接触点O为中心的一系列明暗相间的同心圆环。这种干涉现象最早由牛顿发现，故称为牛顿环。

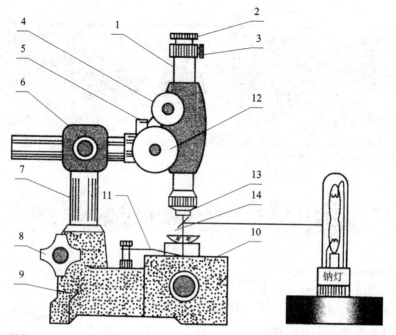

1—目镜筒；2—目镜；3—目镜止动螺旋；4—调焦手轮；5—标尺；6—锁紧手轮；7—支架；
8—底座手轮；9—底座；10—工作台面；11—弹簧片；12—读数鼓轮；13—物镜；14—反光镜

图 6.10-1　读数显微镜

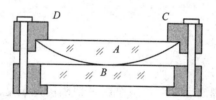

图 6.10-2　牛顿环仪的结构

图 6.10-3　牛顿环仪

设透镜的曲率半径为 R，与接触点 O 距离为 r 处的空气薄膜的厚度为 e，由于平面玻璃上表面的反射光线有半波损失，所以空气薄膜上下表面反射光之间的光程差为

$$\delta = 2e + \frac{\lambda}{2} = k\lambda, \qquad k = 1, 2, 3, \cdots 明环$$

$$\delta = 2e + \frac{\lambda}{2} = (2k+1)\frac{\lambda}{2}, \qquad k = 0, 1, 2, \cdots 暗环$$

$$(6.10-1)$$

由图 6.10-4 中的直角三角形得

$$r^2 = R^2 - (R-e)^2 = 2Re - e^2$$

由于 R 一般为几十厘米至数米,而 e 最大不超过几毫米,所以 $2Re \gg e^2$,将 e^2 从上式中略去,得

$$e = \frac{r^2}{2R} \tag{6.10-2}$$

将式(6.10-2)代入式(6.10-1),求得反射光中明环和暗环的半径分别为

$$\begin{cases} r = \sqrt{(2k-1)R\dfrac{\lambda}{2}}, & k = 1, 2, 3, \cdots \text{明环} \\ r = \sqrt{kR\lambda}, & k = 0, 1, 2, \cdots \text{暗环} \end{cases} \tag{6.10-3}$$

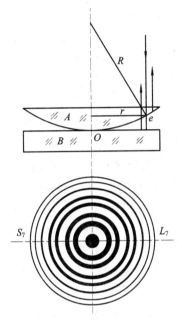

图 6.10-4　牛顿环

显然,若能测得第 k 级干涉圆环半径 r,则由式(6.10-3)很容易算出透镜的曲率半径 R。但实际上,由于平凸透镜和平面玻璃在接触时发生弹性形变,接触处还可能有灰尘,使得接触处不可能是一个理想的几何点,故给测定环心的确切位置带来困难。为此,我们测量同一圆环直径两端的坐标 S 和 L,则该环的直径为

$$d = (S - L)$$

为了减小由于平面玻璃和平凸透镜表面的缺陷以及读数显微镜的刻度不均匀而引起的系统误差,在数据处理时采用逐差法,即用第 k 环和第 j 环直径的平方差来计算 R。另外,由于测量暗环的位置比较准确,所以利用暗环来测 R。

由式(6.10-3)知

$$r_k^2 = \frac{d_k^2}{4} = kR\lambda, \quad r_j^2 = \frac{d_j^2}{4} = jR\lambda$$

两式相减得

$$R = \frac{d_k^2 - d_j^2}{4(k-j)\lambda} = \frac{\Delta d^2}{4(k-j)\lambda} \tag{6.10-4}$$

此外，由式(6.10-2)可以看出，e 和 r 的平方成正比，即离开牛顿环中心越远，光程差增加越快，干涉条纹将会越细越密。

五、实验步骤

(1) 调节牛顿环仪。在眼睛细心观察的同时，反复耐心地调节牛顿环仪的三个螺丝，直至出现清晰的同心圆环且位于中心。

(2) 通过转动调焦手轮 4，使显微镜下降。将牛顿环仪置于工作台面上，使其正对着显微镜，即同心圆环的中心应尽可能与物镜的中心处于同一条垂直线上。这在显微镜与牛顿环仪比较接近时才容易做到。然后提升显微镜，用弹簧片 11 把牛顿环仪轻轻压住。

(3) 把钠灯放在显微镜正前方约 20 cm 处，打开钠灯开关，预热 10 min。待钠灯发出明亮的黄光后，调节物镜下方的反光镜方向，当在读数显微镜的视场中看到明亮的黄光时，就表明有一束平行单色光垂直照射到牛顿环仪上。

(4) 缓缓旋动目镜 2，使镜筒内的十字叉丝清晰可见。

(5) 一边通过目镜观察牛顿环仪形成的牛顿环，一边缓缓转动调焦手轮 4，使干涉条纹清晰(不要让物镜触及待测物，以免压坏物镜)。若看到的牛顿环中心与十字叉丝中心不重合，可轻轻移动牛顿环仪，使二者重合。

(6) 转动读数鼓轮 12，使十字叉丝向右移动，直到十字叉丝对准第 25 暗环的中心为止。然后反转读数鼓轮，使十字叉丝对准第 20 暗环的中心，读记该环直径的右端坐标 L_{20}。读数方法是：在标尺 5 上，读取整数(单位为毫米)，在读数鼓轮上读取小数，此两数之和即为 L_{20}。鼓轮周边分为 100 小格，它转动一周，测微螺杆带动显微镜平移 1 mm，故鼓轮每旋转 1 小格，显微镜平移 0.01 mm。再估读十分之一小格，故可以读出 0.001 mm。

(7) 沿相同方向，继续转动读数鼓轮，使十字叉丝依次对准第 19，18，17，16，15，10，9，8，7，6，5 暗环的中心，读记各环直径的右端坐标 L_{19}，L_{18}，$\cdots$，L_5。

(8) 沿相同方向继续转动读数鼓轮，使十字叉丝通过环心后，依次对准第 5，6，7，8，9，10，15，16，17，18，19，20 暗环的中心，读记各环直径的左端坐标 S_5，S_6，$\cdots$，S_{20}。

(9) 求出各暗环直径。例如：

$$d_i = S_i - L_i$$
$$d_{20} = S_{20} - L_{20}$$
$$d_{19} = S_{19} - L_{19}$$

(10) 用逐差法，求相距 10 个暗环的 6 个 Δd^2 的值，即 $\Delta d_1^2 = d_{20}^2 - d_{10}^2$，$\Delta d_2^2 = d_{19}^2 - d_9^2$，$\Delta d_3^2 = d_{18}^2 - d_8^2$，$\Delta d_4^2 = d_{17}^2 - d_7^2$，$\Delta d_5^2 = d_{16}^2 - d_6^2$，$\Delta d_6^2 = d_{15}^2 - d_5^2$，取它们的平均值代入式(6.10-4)，计算透镜的曲率半径的平均值 $\bar{R}$。

(11) 计算出 $\bar{R}$ 的标准误差 σ_R 和相对误差 E。

六、测量记录和数据处理

(1) 已知钠黄光波长 $\lambda = 589.3$ nm $= 5.893 \times 10^{-4}$ mm。

(2) 测量牛顿环各暗环直径 d_k 两端的坐标，将所测的各数据记入下表中。

左端 S_k/mm	右端 L_k/mm	$d_k = S_k - L_k/\text{mm}$	d_k^2/mm^2	$\Delta d_i^2/\text{mm}^2$
$S_{20} =$	$L_{20} =$	$d_{20} =$	$d_{20}^2 =$	
$S_{19} =$	$L_{19} =$	$d_{19} =$	$d_{19}^2 =$	
$S_{18} =$	$L_{18} =$	$d_{18} =$	$d_{18}^2 =$	
$S_{17} =$	$L_{17} =$	$d_{17} =$	$d_{17}^2 =$	
$S_{16} =$	$L_{16} =$	$d_{16} =$	$d_{16}^2 =$	
$S_{15} =$	$L_{15} =$	$d_{15} =$	$d_{15}^2 =$	
$S_{10} =$	$L_{10} =$	$d_{10} =$	$d_{10}^2 =$	$\Delta d_1^2 =$
$S_9 =$	$L_9 =$	$d_9 =$	$d_9^2 =$	$\Delta d_2^2 =$
$S_8 =$	$L_8 =$	$d_8 =$	$d_8^2 =$	$\Delta d_3^2 =$
$S_7 =$	$L_7 =$	$d_7 =$	$d_7^2 =$	$\Delta d_4^2 =$
$S_6 =$	$L_6 =$	$d_6 =$	$d_6^2 =$	$\Delta d_5^2 =$
$S_5 =$	$L_5 =$	$d_5 =$	$d_5^2 =$	$\Delta d_6^2 =$

(3) 计算。

$$\overline{\Delta d^2} = \frac{1}{6}\sum_{i=1}^{6}\Delta d_i^2 = \underline{\hspace{2cm}} \text{mm}^2$$

$$\sigma_{\overline{\Delta d^2}} = \sqrt{\frac{\sum_{i=1}^{6}(\Delta d_i^2 - \overline{\Delta d^2})^2}{n(n-1)}} = \underline{\hspace{2cm}} \text{mm}^2$$

$$\overline{R} = \frac{\overline{\Delta d^2}}{4 \times 10\lambda} = \underline{\hspace{2cm}} \text{mm}, \quad E = \frac{\sigma_{\overline{\Delta d^2}}}{\overline{\Delta d^2}} \times 100\% = \underline{\hspace{2cm}} \%$$

$$\sigma_{\overline{R}} = \overline{R} \cdot E = \underline{\hspace{2cm}} \text{mm}, \quad R = \overline{R} \pm \sigma_{\overline{R}} = \underline{\hspace{2cm}} \text{mm}$$

例如，选用待测透镜 4 号。测量数据如下表：

左端 S_k/mm	右端 L_k/mm	$d_k = S_k - L_k/\text{mm}$	d_k^2/mm^2	$\Delta d_i^2/\text{mm}^2$
$S_{20} = 27.821$	$L_{20} = 21.132$	$d_{20} = 6.689$	$d_{20}^2 = 44.74$	
$S_{19} = 27.742$	$L_{19} = 21.212$	$d_{19} = 6.530$	$d_{19}^2 = 42.64$	
$S_{18} = 27.660$	$L_{18} = 21.295$	$d_{18} = 6.365$	$d_{18}^2 = 40.52$	
$S_{17} = 27.578$	$L_{17} = 21.379$	$d_{17} = 6.199$	$d_{17}^2 = 38.43$	
$S_{16} = 27.492$	$L_{16} = 21.468$	$d_{16} = 6.024$	$d_{16}^2 = 36.29$	
$S_{15} = 27.409$	$L_{15} = 21.550$	$d_{15} = 5.859$	$d_{15}^2 = 34.33$	
$S_{10} = 26.905$	$L_{10} = 22.044$	$d_{10} = 4.861$	$d_{10}^2 = 23.63$	$\Delta d_1^2 = 21.11$
$S_9 = 26.799$	$L_9 = 22.158$	$d_9 = 4.641$	$d_9^2 = 21.54$	$\Delta d_2^2 = 21.10$
$S_8 = 26.676$	$L_8 = 22.270$	$d_8 = 4.406$	$d_8^2 = 19.41$	$\Delta d_3^2 = 21.10$
$S_7 = 26.550$	$L_7 = 22.399$	$d_7 = 4.151$	$d_7^2 = 17.23$	$\Delta d_4^2 = 21.20$
$S_6 = 26.425$	$L_6 = 22.530$	$d_6 = 3.895$	$d_6^2 = 15.17$	$\Delta d_5^2 = 21.12$
$S_5 = 26.289$	$L_5 = 22.674$	$d_5 = 3.615$	$d_5^2 = 13.07$	$\Delta d_6^2 = 21.26$

计算相距 10 个暗环 Δd^2 的平均值 $\overline{\Delta d^2}$ 和 Δd^2 的标准误差 $\sigma_{\overline{\Delta d^2}}$。

$$\overline{\Delta d^2} = \frac{1}{6} \sum_{i=1}^{6} \Delta d_i^2 = 21.15 (\text{mm})^2$$

$$\sigma_{\overline{\Delta d^2}} = \frac{\sigma}{\sqrt{n}} = \sqrt{\frac{\sum_{i=1}^{6} (\Delta d_i^2 - \overline{\Delta d^2})^2}{n(n-1)}} = \sqrt{\frac{221 \times 10^{-4}}{6(6-1)}} = 0.03 (\text{mm}^2)$$

$$\overline{\Delta d^2} \pm \sigma_{\overline{\Delta d^2}} = (21.15 \pm 0.03) \text{mm}^2$$

计算透镜的平均曲率半径 $\overline{R}$ 和 $\overline{R}$ 的标准误差 $\sigma_{\overline{R}}$。

$$\overline{R} = \frac{\overline{\Delta d^2}}{4 \times 10\lambda} = \frac{21.15}{4 \times 10 \times 5.893 \times 10^{-4}} = 897.2 (\text{mm})$$

因为

$$R = \frac{\Delta d^2}{4 \times 10\lambda}$$

所以

$$\ln R = \ln \frac{\Delta d^2}{40\lambda}$$

$$\frac{\partial \ln R}{\partial \Delta d^2} = \frac{1}{\Delta d^2}$$

$$E = \frac{\sigma_{\overline{R}}}{\overline{R}} = \sqrt{\left(\frac{\partial \ln R}{\partial \Delta d^2}\right)^2 \sigma_{\overline{\Delta d^2}}^2} = \frac{\sigma_{\overline{\Delta d^2}}^2}{\Delta d^2} = \frac{0.03}{21.15} = 0.2\%$$

$$\sigma_{\overline{R}} = \overline{R} \cdot E = 897.2 \times 0.2\% = 2 (\text{mm})$$

因此透镜的曲率半径：

$$R = \overline{R} \pm \sigma_{\overline{R}} = (897 \pm 2) \text{mm}$$

$$E = 0.2\%$$

注意：这里求得的误差没有考虑系统误差，所以，实际的测量误差要比它大得多。

七、常识介绍

1. 回程误差

移动读数显微镜，使其从左右两个方向对准同一目标的两次读数似乎应该相同，但实际上由于螺杆和螺套不可能完全密切接触，螺旋转动方向改变时它们的接触状态也将改变，两次读数将会不同，由此产生的测量误差称为回程误差。为了避免回程误差，使用读数显微镜时，应沿同一方向移动读数显微镜，使叉丝对准各个目标。

2. 钠灯

钠灯是实验室中最重要的单色光源之一。钠灯分低压和高压两种，其工作原理与汞灯相似，都属于金属蒸气弧光放电。钠灯工作时，在可见光区发射出两条极强的黄色谱线（又称 D 双线），它们的波长分别为 589.0 nm 和 589.6 nm，通常取它们的平均值 589.3 nm 作为黄光的标准参考波长，许多光学常数常以它作为基准。

实验室中常用低压钠灯，它的构造如图 6.10 - 5 所示。钠灯的工作电路如图 6.10 - 6 和图 6.10 - 7 所示。常用钠灯的主要参数如表 6.10 - 1 所示。

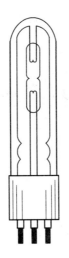

图 6.10-5 低压钠灯

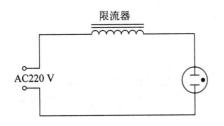

图 6.10-6 GP20 型钠灯工作电路

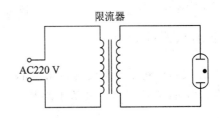

图 6.10-7 N_{45}、N_{75}、N_{140} 型钠灯工作电路

表 6.10-1 常用钠灯的主要参数

型号	功率/W	工作电压/V	工作电流/A	启动电压/V	极间距/mm
GP20	20	20	1.3	220	
N_{45}	45	80	0.6	470	26.0
N_{75}	75	120	0.6	470	
N_{140}	140	160	0.9	470	81.0

上述电弧灯如果充以其他金属蒸气,例如镉、铊、锌、铯、钾等蒸气,就可以制成各种金属蒸气弧光灯。镉灯有条很锐细的红色特征谱线 643.8 mm,曾被采用为波长的原始标准,现在仍常常作定标用。

思 考 题

1. 试述牛顿环的干涉原理。

2. 实验中为什么要测量多组数据?采用什么方法处理这些数据?

3. 在反射光中牛顿环中央是暗点还是亮点?各级条纹粗细是否一致?条纹间隔是否相同?为什么靠近中心的相邻两暗条纹之间的距离比边缘的大?

4. 如果在反射光中观察到牛顿环中央不是暗斑而是亮斑,这种现象如何解释(提示:

从平凸透镜与平面玻璃之间的接触情况及接触处有无灰尘等情况考虑）？这对实验有无影响？

实验 11　分光仪的调整和玻璃折射率的测定

一、实验目的

（1）了解分光仪的结构。

（2）掌握分光仪的调整方法。

（3）掌握用三棱镜测定玻璃折射率的方法。

二、实验仪器

JJY1′型分光仪、平行平面镜、三棱镜、钠灯。

三、实验仪器简介

分光仪是精确测定光线偏转角度的一种光学仪器，也是摄谱仪等专用光学仪器的基础。分光仪的型号很多，但基本结构都是相同的。JJY1′型分光仪的结构如图 6.11－1 所示。

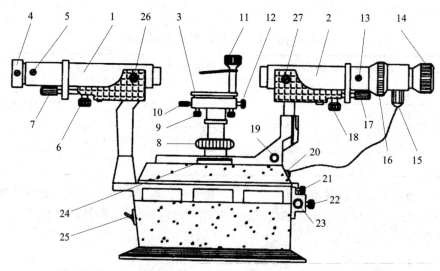

1—平行光管；2—望远镜；3—平台；4—狭缝调节螺丝；5—狭缝体固定螺丝；
6—平行光管倾斜度调节螺丝；7—平行光管锁紧螺丝；8—平台升降固定螺母；
9—平台台面调节螺丝(三只)；10—平台锁紧螺丝；11、12—被测物压紧装置；
13—目镜筒锁紧螺丝；14—目镜；15—灯座；16—望远镜调焦螺丝；
17—望远镜锁紧螺丝；18—望远镜倾斜度调节螺丝；19—望远镜和游标盘移动螺丝；
20—双芯插孔；21—望远镜和游标盘锁紧螺丝；22—度盘锁紧螺丝；23—度盘微动螺丝；
24—读数窗(左右各一个)；25—电源开关；26—平行光管固定螺丝；27—望远镜固定螺钉

图 6.11－1　JJY1′型分光仪

JJY'型分光仪由望远镜、游标度盘、平行光管、平台等组成，如图 6.11－2 所示。

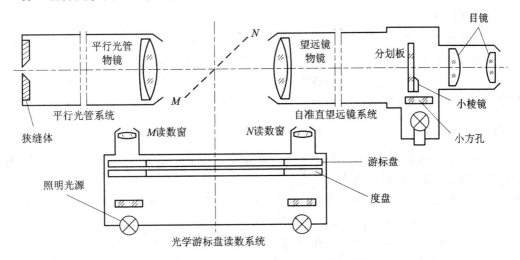

图 6.11－2　望远镜、游标度盘和平行光管

1．望远镜

望远镜用来观察光谱和确定光线行进的方向。它由目镜、分划板（分划板上刻有十字线）和物镜组成。调节 14，可以改变目镜与分划板之间的距离，当分划板位于目镜的焦平面上时，通过目镜就能看到清晰的十字叉丝。调节 16，可以改变物镜与目镜（连同分划板）之间的距离，当分划板位于物镜的焦平面上时，望远镜就能接收平行光，看清无穷远处的物体。

在目镜和分划板之间装有小棱镜，小棱镜上刻有十字透光窗，照明灯泡发出的光线通过小孔，经小棱镜反射后，透过十字透光窗，再通过物镜射出。若在物镜前放一平行平面镜（见图 6.11－3），通过物镜射出的光线就会由平行平面镜反射回来，如果能在分划板十字板中央形成清晰的十字反射像（见图 6.11－4），则表示望远镜已能接收平行光。

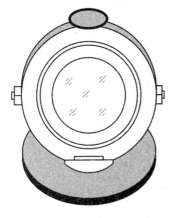

图 6.11－3　平行平面镜（连架）

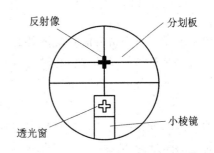

图 6.11－4　十字透光窗和反射像

调节 18，可以改变望远镜的倾斜率；拧紧 17，可以固定望远镜的方位；松开 21，望远镜和游标盘可以一起绕仪器转轴转动；拧紧 21，望远镜即被固定，这时调节 19，可以使望远镜转动很小的角度，以便进行精密测量。注意：在望远镜和游标盘锁紧螺丝 21 锁紧时，

切勿硬性扳动望远镜，以免损坏分光仪转轴，使测量值的误差增大。

2. 游标度盘

利用分光仪测角度，实际上就是利用望远镜瞄准，读出望远镜转过的角度。望远镜转过的角度可以由游标度盘读出。度盘和游标盘表面涂有金属薄膜。度盘圆周分为 360°，每度又分为 3 小格，所以度盘上每小格为 20′。20′ 以下的角度由游标盘读出，其原理和读数方法与游标卡尺类似：将度盘上的 39 小格在游标盘上分为 40 小格，故游标盘上的每小格比度盘的每格小 $20' - \dfrac{20' \times 39}{40} = 0.5' = 30''$。

度盘上的长刻线读出的值为度，短刻线读出的为 20′ 的 1 倍或 2 倍。游标盘上的长刻线读出的为分，短刻线读出的为 30″。

在度盘下面装有照明灯泡，所以度盘和游标盘上的刻线（透光线）十分清晰。读数时，以游标盘上的"0"线为准，先在度盘上读数，再找出游标盘上与度盘上某条刻线对齐的刻线，这时两条对齐的刻线连成一条亮线（其他刻线由于互相遮挡，光线透不过来而断开），在该条光线处读记游标盘读数。度盘的读数和游标盘的读数相加，即为待测角度。例如图 6.11-5 上部所示的角度为

$$\theta = 250°20' + 2'0'' = 250°22'0''$$

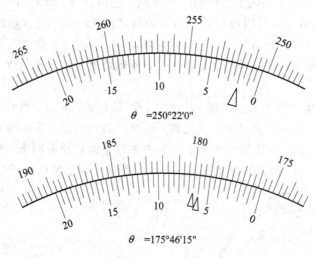

图 6.11-5 角度的读法

由于度盘上每小格的值和游标盘上每小格的值不等，是一个"渐变"关系，所以游标盘上与度盘上对齐的刻线（亮线）有时会出现两条，在这种情况下，就取半条刻线即 15″。例如图 6.11-5 下部所示的角度为

$$\theta = 175°40' + 6'15'' = 175°46'15''$$

为了消除度盘中心与仪器转轴之间的偏心差，读数时应从两个读数窗中同时读数，望远镜转过的角度为

$$\varphi = \frac{1}{2}\left[(\theta_1' - \theta_1) + (\theta_2' - \theta_2)\right]$$

当 $\theta_1' < \theta_1$ 时，$\theta_1' - \theta_1 = \theta_1' - \theta_1 + 360°$；同样，当 $\theta_2' < \theta_2$ 时，$\theta_2' - \theta_2 = \theta_2' - \theta_2 + 360°$。

例如，望远镜在初始位置时，两个读数窗中的读数为

$$\theta_1 = 335°5'30''$$

$$\theta_2 = 155°2'0''$$

望远镜转过 φ 角后，两个读数窗中的读数为

$$\theta'_1 = 95°7'30''$$

$$\theta'_2 = 275°6'0''$$

则望远镜转过的角度为

$$\varphi = \frac{1}{2}\big[(\theta'_1 - \theta_1) + (\theta'_2 - \theta_2)\big]$$

$$= \frac{1}{2}\big[(95°7'30'' + 360° - 335°5'30'') + (275°6'0'' - 155°2'0'')\big]$$

$$= \frac{1}{2}(120°2'0'' + 120°4'0'') = 120°3'0''$$

有时为了简便，也可以只从一个读数窗中读数，则望远镜转过的角度为

$$\varphi = (\theta' - \theta)$$

3. 平行光管

平行光管一端是狭缝，另一端是物镜，调节 4，可以改变狭缝的宽度；松开 5，可以使狭缝体前后移动，以改变狭缝与物镜之间的距离。若将钠灯放在狭缝前，当狭缝位于物镜的焦平面上时，平行光管就能发出平行光。调节 6，可以改变平行光管的倾斜度；拧紧 7，可以固定平行光管的方位。

4. 平台

平台用来放置平行平面镜、光栅等元件。调节 9(3 只)，可以改变平台的倾斜度。松开 10，可使平台绕仪器转轴转动；拧紧 10，可以固定平台，如要升降平台，可先拧紧 22，然后逆时针松开 8，用手升降平台，使之处于适当的高度，再顺时针拧紧 8，使平台与转轴一起联动。

四、分光仪的调整

为了进行精密测量，必须将分光仪调整好。调整要求：① 使平行光管能发出平行光；② 使望远镜能接收平行光；③ 使平行光管和望远镜的光轴垂直于分光仪的转轴。

1. 调整准备

对照图 6.11 - 1 和图 6.11 - 2，逐一缓慢转动各个螺丝，了解各个螺丝的作用。

2. 目视准备

转动望远镜，使望远镜对准平行光管，用眼睛仔细审视它们的倾斜度，调节 18 和 6，使望远镜和平行光管的光轴垂直于仪器转轴，这一步很重要。目视粗调比较好的话，可以大大缩短调整时间。

3. 调整望远镜

(1) 目镜调焦：打开电源开关 25，3 个照明灯泡亮(注意：插入或拔出双芯插头 20 时，应先关 25，否则易烧毁保险丝)。一边从目镜中观察分划板上的十字线，一边缓慢地调节 14，直到能清楚地看到十字线为止。

（2）调节 9，使平台升高约 1 mm（只要 3 支螺丝等高，平台就基本上垂直于仪器转轴）。然后将平行平面镜放置在其中两只螺丝 Z_1、Z_2 的中垂直线上，如图 6.11-6 所示。调节 Z_1（或 Z_2），即可改变望远镜光轴的倾斜度。

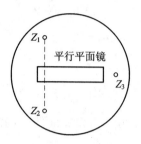

图 6.11-6　镜面处于 Z_1Z_2 的中垂线上

（3）转动平台，用眼睛估计，使镜面垂直于望远镜的光轴。然后缓慢地向左右转动平台，从望远镜中寻找绿色（或黄色）十字反射像，若找不到，说明镜面的倾斜度不适当，应仔细调节 Z_1（或 Z_2），直到找到十字反射像为止。如果目视粗调比较好的话，这一步容易成功。如果目视粗调不佳，转动平台就不能找到十字反射像（成像在视场之外）。"盲目"大幅度调节很难奏效，最好重新进行目视粗调。

（4）调节 16，从目镜中能清晰地看到十字反射像，再上下移动眼睛。若发现十字反射像与分划板十字线有相对位移（即有视差），应反复微微调节 14 和 16，直到无视差为止，这时望远镜已能接收平行光。

（5）调节 Z_1（或 Z_2），使十字反射像的水平线与分划板上部的十字线的水平线重合。

（6）将平台（连同平行平面镜）旋转 180°，这时十字反射像的水平线一般不会再与十字线的水平线重合，如图 6.11-7(a)所示。这表明望远镜的光轴还没有垂直于仪器转轴。应按下面的"1/2 逼近法"仔细调节：先调节 Z_1（或 Z_2）使十字反射像向水平线移近一半的距离，如图 6.11-7(b)所示；再调节 18，使十字反射像的水平线与十字线的水平线重合，如图 6.11-7(c)所示。

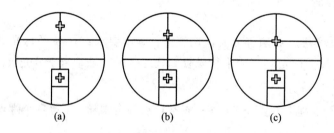

图 6.11-7　1/2 逼近法

（7）再将平台旋转 180°，这时十字反射像的水平线可能与十字线的水平线又不重合了。按上述"1/2 逼近法"反复调节，直到平行平面镜的任意一面对着望远镜时，十字反射像的水平线都与十字分划板上部的十字线的水平线重合，这时望远镜的光轴已垂直于分光仪的转轴。拧紧 17，固定望远镜的方位。

4．调整平行光管

（1）用钠灯照亮狭缝，取下平行平面镜，将望远镜对准平行光管。

（2）由于望远镜的光轴已垂直于分光仪的转轴，所以只要使平行光管的光轴平行于望远镜的光轴,则平行光管的光轴必垂直于分光仪的转轴。调节 4,使从目镜中看到的狭缝像约为 1 mm 宽(严禁将狭缝完全合拢)。松开 5,前后移动狭缝体,使从目镜中看到的狭缝十分清晰。这时平行光管已能发出平行光。

(3) 转动狭缝体,使狭缝像平行于十字线的水平线。调节 6,使狭缝像与下面一个十字线的水平线重合,如图 6.11-8 所示。拧紧 7,固定平行光管的方位,这时平行光管的光轴已垂直于分光仪的转轴。

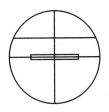

图 6.11-8　狭缝像与水平线重合

(4) 转动狭缝体和望远镜,使狭缝像与十字线的竖直线重合,如图 6.11-9 所示。拧紧 5,把狭缝体固定。至此,分光仪已基本调整完毕。若在平台上放置测试用的光学元件(例如光栅、三棱镜等),还应仔细地调整平台。

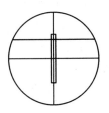

图 6.11-9　狭缝像与竖直线重合

五、实验原理

当光线从一种媒质进入另一种媒质时,在两种媒质的分界面上会发生反射和折射现象。对于两种给定的媒质来说,不管入射角 i 怎样改变,入射角 i 的正弦跟折射角 γ 的正弦之比是一常数,即

$$\frac{\sin i}{\sin \gamma} = n_{21} \tag{6.11-1}$$

比值 n_{21} 称为第二种媒质相对于第一种媒质的折射率。某种媒质相对于真空的折射率,称为该种媒质的绝对折射率(简称折射率),用 n 表示。表 6.11-1 列出了几种物质的折射率(对 $\lambda = 589.3$ nm 的钠光)。

表 6.11-1　几种物质的折射率

物质	折射率	物质	折射率
空气	1.0002926	冕牌玻璃 K_s	1.51110
水	1.3330	火石玻璃 F_s	1.60551
酒精	1.3614	重火石玻璃 ZF_s	1.75500
甲醇	1.3288	金刚石	2.149

由于媒质相对于空气的折射率与相对真空的折射率相差很小，所以一般测量光线从空气进入媒质时的入射角 i 和折射角 γ，这时该媒质的折射率为

$$n = \frac{\sin i}{\sin \gamma} \qquad (6.11-2)$$

折射率是透明物质的一个重要光学常数，在生产和科学研究中，往往要测量某种物质的折射率。玻璃的折射率用玻璃三棱镜(见图 6.11-10)来测定。

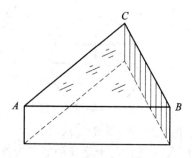

图 6.11-10 三棱镜

如图 6.11-11 所示，三棱镜(简称棱镜)的横截面一般是等腰三角形(或等边三角形)，BC 面是棱镜的毛玻璃面，不透光。角 A 称为棱镜的顶角，光线 PO 以入射角 i_1 射到 AB 面上，经棱镜两次折射后，以角 γ_2 从 AC 面射出。入射光线与出射光线之间的夹角 δ 称为偏向角。可以证明(见后面证明)：当入射线 PO 与出射线 $O'P'$ 处于光路对称的情况下，即 $i_1 = \gamma_2$ 时，偏向角最小，称为最小偏向角，并且

$$n = \frac{\sin \dfrac{1}{2}(A + \delta_{\min})}{\sin \dfrac{A}{2}} \qquad (6.11-3)$$

式中，A 为棱镜的顶角，$\delta_{\min}$ 为最小偏向角。因此只要用分光仪测定棱镜的顶角 A 和最小偏向角 $\delta_{\min}$，根据式(6.11-3)即可求出玻璃的折射率 n。

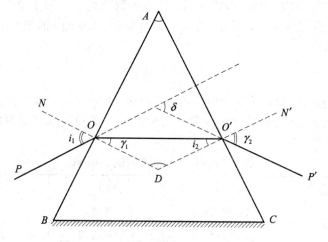

图 6.11-11 用三棱镜测定玻璃的折射率

由于透明材料的折射率是光波波长的函数，同一棱镜对不同波长的光具有不同的折射率，所以复色光经棱镜折射后，不同波长的光将发生不同方向的偏转而被分散开来，形成

棱镜色散光谱。通常在不考虑色散的情况下，棱镜的折射率是对钠光 $\lambda = 589.3$ nm 而言的。

六、实验步骤

（1）按照分光仪的调整要求调整好分光仪。

（2）测定三棱镜的顶角 A。

① 如图 6.11 - 12 所示，将三棱镜放置在平台上，使底边垂直于平行光管的光轴，顶角 A 位于平台的中心（否则由棱镜两折射面反射的光将不能进入望远镜），由平行光管射出的平行光束被三棱镜的两个折射面分成两部分。用弹簧片 11 将棱镜轻轻压住。调节 10 将平台锁紧。

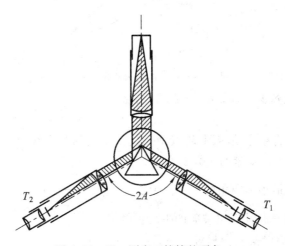

图 6.11 - 12　测定三棱镜的顶角 A

② 将望远镜转到 T_1 位置，使十字线的竖直线对准狭缝像，从左右两个读数窗口中读记游标度盘的读数 θ_1 和 θ_2。

③ 将望远镜转到 T_2 位置，使十字线的竖直线对准狭缝像，从左右两个读数窗口中读记游标度盘的读数 θ'_1 和 θ'_2。

④ 重测 5 次，则得三棱镜顶角的平均值为

$$\overline{A} = \frac{1}{2} \cdot \frac{1}{2} \left[(\overline{\theta}'_1 - \overline{\theta}_1) + (\overline{\theta}'_2 - \overline{\theta}_2) \right]$$

注意：当望远镜从 T_1 位置转到 T_2 位置时，游标度盘的 0 刻度线经过了刻度盘的 0 点（即 $360°$），则望远镜转过的角度会出现 $\overline{\theta}'_1 < \overline{\theta}_1$ 或 $\overline{\theta}'_2 < \overline{\theta}_2$，我们在运算时要把 $360°$ 加上，即

$$\overline{\theta}'_1 - \overline{\theta}_1 = \overline{\theta}'_1 - \overline{\theta}_1 + 360° \quad \text{或} \quad \overline{\theta}'_2 - \overline{\theta}_2 = \overline{\theta}'_2 - \overline{\theta}_2 + 360°$$

（3）测定最小偏向角 $\delta_{\min}$。

① 将三棱镜放置在平台上，如图 6.11 - 13 所示。注意：顶角 A 应靠近平台中心。

② 将望远镜转到 T_1 位置，找到出射光谱线，将平台向左右稍微转动，观察谱线往何方向移动。

③ 缓慢地转动平台，使光谱线往 T_2 方向移动，即向偏向角 δ 减小的方向移动，同时转动望远镜跟踪此光谱线。当平台转到某一位置时，光谱线突然反向移动，将平台向左右稍微转动，找到光谱线反向移动的确切位置，这个位置就是最小偏向角的位置，使十字线

的竖直线对准谱线中央。

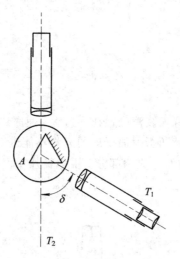

图 6.11 – 13   测定最小偏向角 $\delta_{\min}$

④ 从左右两个读数窗中读记游标度盘的读数 θ_1 和 θ_2。

⑤ 重测 5 次。

⑥ 取下三棱镜，将望远镜转到 T_2 位置，使十字线的竖直线对准狭缝像的中央，从左右两个读数窗中读记游标度盘的读数 θ_1' 和 θ_2'。

⑦ 重测 5 次，则最小偏向角的平均值为 $\bar{\delta}_{\min} = \frac{1}{2}\left[(\bar{\theta}_1 - \bar{\theta}_1) + (\bar{\theta}_2' - \bar{\theta}_2)\right]$。

(4) 根据式(6.11 – 3)计算出玻璃的平均折射率 $\bar{n}$。

(5) 计算 $\bar{n}$ 的标准误差 $\sigma_{\bar{n}}$ 和相对误差 E。

七、测量记录和数据处理

(1) 将所测的数据记入表 6.11 – 2 和表 6.11 – 3 中。

表 6.11 – 2   测定三棱镜的顶角 A

实验次数	T_1 位置		T_2 位置	
	θ_1(左)	θ_2(右)	θ_1'(左)	θ_2'(右)
1				
2				
3				
4				
5				
6				
平均值				
平均值标准误差				

表 6.11 - 3   测定最小偏向角 δ_{min}

实验次数	T_1 位置		T_2 位置	
	θ_1（左）	θ_2（右）	θ'_1（左）	θ'_2（右）
1				
2				
3				
4				
5				
6				
平均值				
平均值标准误差				

（2）计算。

$$\overline{A} = \frac{1}{2} \cdot \frac{1}{2} \left[(\overline{\theta}'_1 - \overline{\theta}_1) + (\overline{\theta}'_2 - \overline{\theta}_2) \right] = \underline{\qquad}$$

$$\sigma_{\overline{A}} = \frac{1}{2} \cdot \frac{1}{2} \sqrt{\sigma^2_{\theta_1} + \sigma^2_{\theta_2} + \sigma^2_{\theta'_1} + \sigma^2_{\theta'_2}} = \underline{\qquad}$$

$$\overline{\delta}_{min} = \frac{1}{2} \left[(\overline{\theta}'_1 - \overline{\theta}_1) + (\overline{\theta}'_2 - \overline{\theta}_2) \right] = \underline{\qquad}$$

$$\sigma_{\overline{\delta}} = \frac{1}{2} \cdot \frac{1}{2} \sqrt{\sigma^2_{\theta_1} + \sigma^2_{\theta_2} + \sigma^2_{\theta'_1} + \sigma^2_{\theta'_2}} = \underline{\qquad}$$

$$\overline{n} = \frac{\sin \frac{1}{2}(\overline{A} + \overline{\delta}_{min})}{\sin \frac{\overline{A}}{2}} = \underline{\qquad}$$

$$\sigma_{\overline{n}} = \sqrt{\left(\frac{\partial n}{\partial A} \right)^2 \sigma^2_{\overline{A}} + \left(\frac{\partial n}{\partial \delta} \right)^2 \sigma^2_{\overline{\delta}}} = \underline{\qquad}$$

$$n = \overline{n} \pm \sigma_n = \underline{\qquad}$$

$$E = \frac{\sigma_n}{n} \times 100\% = \underline{\qquad}\%$$

思 考 题

1. 分光仪由哪几个主要部件组成？各部件的作用是什么？分光仪的调整要求是什么？试阐述分光仪调整的步骤。

2. 从分光仪的左右两个读数窗中读记游标度盘的读数有何优点？总结读出读数及计算角度的规则。

3. 什么叫最小偏向角？它与三棱镜材料的折射率 n 和三棱镜顶角 A 有何关系？在实验中如何确定最小偏向角的位置？

4. 在本实验中怎样测定三棱镜的顶角 A？

5. 在用反射法测定三棱镜的顶角 A 时，望远镜从图 6.11 – 12 中的 T_1 位置转到 T_2 位置时的读数为

T_1 位置		T_2 位置	
θ_1	θ_2	θ_1'	θ_2'
330°5′30″	150°4′15″	90°6′15″	270°5′30″

试计算：三棱镜顶角 A 为多少度（列出算式）？

实验 12　用光栅测定汞灯光波波长

一、实验目的

（1）了解光栅的衍射原理。

（2）掌握用光栅测量汞灯光波波长的方法。

二、实验仪器

JJY1′型分光仪、低压汞灯、平行平面镜、光栅。

三、实验原理

透射光栅是在玻璃片上刻上许多条等宽、等间距的平行刻痕制成的，这相当于一组数目很多的平行狭缝。

如图 6.12 – 1 所示，S 是位于透镜 L_1（相当于平行光管的物镜）焦平面上的狭缝光源，G 为光栅，它的缝宽为 a，相邻狭缝间不透光部分的宽度为 b，$(a+b)$ 称为光栅常数（本实验所用的光栅是把光栅的塑料复制品贴在平面玻璃片上制成的，每厘米长度上有 3000 条刻痕，所以光栅常数 $(a+b) = \dfrac{1.000 \times 10^{-2}}{3000} = 3.333 \times 10^{-6}$ m $= 3.333 \times 10^3$ nm）。自 L_1 射出的波长为 λ 的单色平行光垂直地照射在光栅 G 上。透镜 L_2（相当于望远镜的物镜）将与光栅法线成 φ 角的光线会聚在焦平面（相当于分划板）上的 P 点。当衍射角 φ 符合条件 $(a+b)\sin\varphi = k\lambda$，$k = 0$，$\pm 1$，$\pm 2$，…时，由于所有相邻狭缝上的对应点发出的光线的光程差是波长的整数倍，因而相互加强，形成亮条纹。因为亮条纹是一些锐细的亮线，所以又称为光谱线。上式称为光栅方程。

如果用复色光（由各种波长组成的光）垂直照射在 G 上，当 $k=0$ 时，则各种波长的光均满足光栅方程，即在 $\varphi=0$ 的方向上，各种波长的光谱线重叠在一起，重现为复色光，形成中央谱线（0 级光谱）。当 $k=\pm 1$，± 2，…时，不同波长的光谱线出现在不同的方向上（φ 角不同），因而不同波长的光谱线将按波长长短在中央谱线两侧展开成两组谱线，称为衍射光谱。所有 $k=\pm 1$ 的谱线组成一级光谱，所有 $k=\pm 2$ 的谱线组成二级光谱……图 6.12 – 2 为汞灯的一级衍射光谱（只画出可见光区较亮的光谱线）。

已知光栅常数 $(a+b)$，只要测出 k 级光谱中某谱线的衍射角 φ，根据光栅方程即可求出该谱线的波长 λ；反之，如果已知波长 λ，则可求出光栅常数 $(a+b)$。

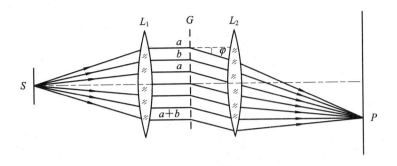

图 6.12-1　光栅的分光原理

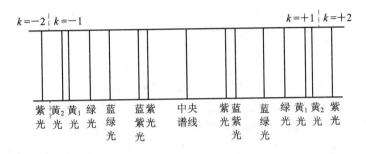

图 6.12-2　汞灯的一级衍射光谱

四、实验步骤

（1）按分光仪的调整要求，将分光仪调整好（参见实验11）。

（2）调整光栅，使光栅平面垂直于平行光管的光轴，并使光栅刻痕与狭缝平行。

① 适当拧紧分数望远镜和游标盘锁紧螺丝21，再一边调整望远镜和游标盘微动螺丝19，一边从目镜中观察，使十字线的竖直线对准狭缝像的中央。

② 将光栅（见图6.12-3）放置在平台上，如图6.12-4所示。转动平台，用眼睛估计，使光栅平面垂直于望远镜的光轴。

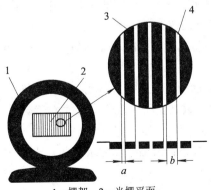

1—栅架；2—光栅平面；
3—刻痕；4—狭缝

图 6.12-3　光栅结构图

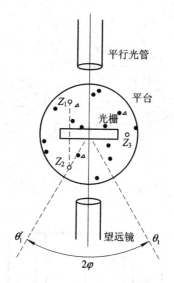

图 6.12-4　用光栅测定光波的波长

③ 缓慢地左右转动平台，从望远镜中寻找从光栅平面反射回来的十字反射像，再调节 Z_1（或 Z_2），使十字反射像的水平线与分划板上部的十字线的水平线重合。

④ 稍微转动平台，使十字反射像位于上面一个十字线中央，这时光栅平面已垂直于平行光管和望远镜的光轴。拧紧分光仪平台锁紧螺丝 10，把平台固定。

⑤ 松开分光仪螺丝 21，向左、向右转动望远镜，从望远镜中观察汞灯的一级光谱和二级光谱。若中央谱线右侧的光谱线高（或低）于左侧的光谱线，则是由于光栅刻痕与狭缝不平行所致的，调节 Z_1，使两侧的光谱线等高。

（3）测量衍射角 φ。

① 向左转动望远镜，一般可以依次看到紫光、蓝紫光、蓝绿光、绿光、黄$_1$光和黄$_2$光 6 条谱线。然后仔细调节狭缝宽度，使黄$_1$光和黄$_2$光这两条谱线清晰。继续向左转动望远镜，观察汞灯的二级衍射光谱。

② 将望远镜转到中央谱线处，然后缓慢地向右转动望远镜，使十字线的竖直线对准一级紫光谱线（先适当拧紧分光仪螺丝 21，再调节 19，使十字线的竖直线对准光谱线中央）。从一个游标盘中读记游标度盘的读数 θ_1。

③ 继续缓慢地向右转动望远镜，依次对准其他颜色的一级谱线，从同一个游标盘中读记游标度盘的读数。

④ 再向左缓慢地转动望远镜，越过中央谱线，依次对准一级光谱中的各条谱线，从同一游标盘中读记游标度盘的读数 θ_1'。同一颜色谱线左右读数之差除以 2 即为该谱线的衍射角 φ。

⑤ 根据光栅方程计算出各条谱线波长，并求出相对误差 E。

五、测量记录和数据处理

光栅常数 $(a+b)=3.333\times10^3$ nm，谱线级数 $k=1$，将所测的各数据记入下表中。

谱线	游标度盘读数		$\varphi=\dfrac{\theta'_1-\theta_1}{2}$	$\lambda=\dfrac{(a+b)\sin\varphi}{k}$/nm	标准值 λ_0/nm	$E=\dfrac{\lvert\lambda-\lambda_0\rvert}{\lambda_0}$
	θ_1	θ'_1				
紫光					404.7	
蓝紫光					435.8	
蓝绿光					491.6	
绿光					546.1	
黄$_1$光					577.0	
黄$_2$光					579.1	

思 考 题

1. 在汞灯的一级衍射光谱中，为什么紫光离中央谱线最近，黄$_2$光离中央谱线最远？

2. 如果用白光作光源，那么中央谱线应是什么颜色？两侧应是什么样的光谱？

3. 用光栅测量波长时，为什么要把光栅面放置在两只平台台面调节螺丝的中垂线上？

4. 在什么情况下，游标度盘的读数应记录为读数＋360°？望远镜由 $\theta_1=330°0'0''$ 经 360° 转到 $\theta'_1=30°1'15''$，望远镜转过的角度 $\varphi=$？写出计算 φ 的通用公式。

实验 13　单缝衍射的光强分布

一、实验目的

（1）观察单缝衍射现象，加深对衍射理论的理解。

（2）学会用光电元件测量单缝衍射的相对光强分布，掌握其分布规律。

（3）学会用衍射法测量微小量。

二、实验仪器

WGZ - IIA 型光导轨、半导体激光器、二维支架可调宽狭缝、硅光电池（光电探头）、一维光强测量装置、WJF 型数字检流计、钢卷尺、小孔光屏和小手电筒。

三、实验原理

1. 单缝衍射的光强分布

当光在传播过程中经过障碍物，如不透明物体的边缘、小孔、细线、狭缝等时，一部分光会传播到几何阴影中去，产生衍射现象。如果障碍物的尺寸与波长相近，这样的衍射现象就比较容易观察到。

单缝衍射有两种：一种是菲涅耳衍射，单缝距光源和接收屏均为有限远，或者说入射波和衍射波都是球面波；另一种是夫琅和费衍射，单缝距光源和接收屏均为无限远或相当于无限远，即入射波和衍射波都可看做是平面波。

用散射角极小的激光器（＜0.002 rad）产生激光束，通过一条很细的狭缝（0.1～0.3 mm 宽），在狭缝后大于 0.5 m 的地方放上观察屏，就可看到衍射条纹，它实际上就是夫琅和费衍射条纹，如图 6.13-1 所示。

当激光照射在单缝上时，根据惠更斯-菲涅耳原理，单缝上每一点都可看成是向各个方向发射球面子波的新波源。由于子波叠加的结果，在屏上可以得到一组平行于单缝的明暗相间的条纹。

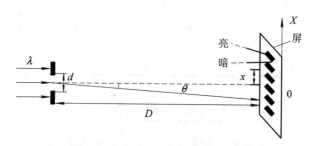

图 6.13-1　单缝夫琅和费衍射

激光的方向性极强，可视为平行光束；宽度为 d 的单缝产生的夫琅和费衍射图样，其衍射光路图满足近似条件为

$$D \gg d \qquad \sin\theta \approx \theta \approx \frac{x}{D}$$

产生暗条纹的条件为

$$d\sin\theta = k\lambda(k = \pm1, \pm2, \pm3, \cdots) \tag{6.13-1}$$

暗条纹的中心位置为

$$x = k\frac{D\lambda}{d} \tag{6.13-2}$$

两相邻暗纹之间的中心是明纹中心。

由理论计算可得，垂直入射于单缝平面的平行光（入射光强为 I_0）经单缝衍射后，光强分布的规律为

$$I = I_0 \left(\frac{\sin u}{u}\right)^2, \quad \left(\frac{\sin u}{u}\right)^2 \text{因子称为单缝衍射因子}$$

其中

$$u = \frac{\pi d \cdot \sin\theta}{\lambda} \approx \frac{\pi d \cdot x}{\lambda D} \tag{6.13-3}$$

式中，d 是狭缝宽，λ 是波长，D 是单缝位置到光电池位置的距离，x 是从衍射条纹的中心位置到测量点之间的距离，其相对光强分布如图 6.13-2 所示，曲线相对于纵轴是对称分布的。

当 u 相同，即 x 相同时，光强相同，所以在屏上得到的光强相同的图样是平行于狭缝的条纹。当 $u=0$ 时，$\sin\theta=0$，$x=0$，$I=I_0$，在整个衍射图样中，此处光强最强，称为中央主极大；中央明纹最亮、最宽，它的宽度为其他各极明纹宽度的两倍。

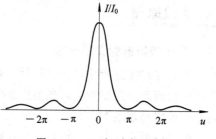

图 6.13-2　相对光强分布

当 $u=k\pi(k=\pm1,\pm2,\cdots)$，即 $\sin\theta=k\lambda/D$ 时，$I=0$，在这些地方光强度为 0，是暗条纹。暗条纹以光轴为对称轴，呈等间隔、左右对称的分布。中央亮条纹的宽度 Δx 可用 $k=\pm1$ 的两条暗条纹间的间距确定，$\Delta x=2\lambda D/d$；某一级暗条纹的位置与缝宽 d 成反比，d 越宽，x 越小，各级衍射条纹向中央收缩；当 d 宽到一定程度时，衍射现象便不再明显，只能看到中央位置有一条亮线，这时可以认为光线是沿几何直线传播的。

次极大明纹的近似位置与中央明纹的相对光强分别为

$$u=(2k+1)\frac{\pi}{2}, \qquad k=\pm1,\pm2,\pm3,\cdots$$

$$\frac{I}{I_0}=0.047,0.017,0.008,\cdots \tag{6.13-4}$$

显然，各次级亮纹的强度是迅速减小的，光能量的绝大部分（80％以上）集中在中央亮纹上。

2. 衍射障碍宽度(d)的测量

已知光波长 λ，可得单缝的宽度计算公式为

$$d=k\frac{D\lambda}{x}, \quad (k=\pm1,\pm2,\cdots) \tag{6.13-5}$$

因此，如果测到了第 k 级暗条纹的位置 x，用光的衍射就可以测量细缝的宽度 d。

反之，如果已知单缝的宽度，则可以测量未知的光波长。

3. 技术应用

依据上述原理，当光束照射在微孔（或细丝）上时，其衍射效应和狭缝一样，在接收屏上将得到同样的明暗相间的环形衍射条纹。于是，利用上述分析就可以测量微孔（或细丝）直径$(2a)$及其动态变化，如图 6.13-3 所示。

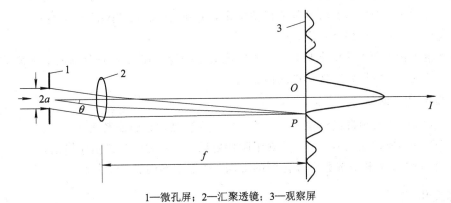

1—微孔屏；2—汇聚透镜；3—观察屏

图 6.13-3　圆孔衍射示意图

4. 光电检测

光的衍射现象是光的波动性的一种表现。研究光的衍射现象不仅有助于加深对光本质的理解，而且能为进一步学好近代光学技术打下基础。衍射使光强在空间重新分布，利用光电元件测量光强的相对变化，是测量光强的方法之一，也是光学精密测量的常用方法。

（1）若在小孔屏位置处放上硅光电池和一维光强读数装置，与数字检流计（也称光点检流计）相连的硅光电池可沿衍射展开方向移动，那么数字检流计所显示出来的光电流的

大小就与落在硅光电池上的光强成正比。如图 6.13 - 4 所示为光电检测原理图。

图 6.13 - 4 光电检测原理图

根据硅光电池的光电特性可知，光电流和入射光能量成正比，只要工作电压不太小，光电流与工作电压就无关，光电特性是线性关系。所以当光电池与数字检流计构成的回路内电阻恒定时，光电流的相对强度就直接表示了光的相对强度。

由于硅光电池的受光面积较大，而实际要求测出各个点位置处的光强，所以在硅光电池前装一细缝光栏(0.5 mm)，用以控制受光面积，并把硅光电池装在带有螺旋测微装置的底座上，可沿横向方向移动，这就相当于改变了衍射角。

(2) 数字检流计的量程分为四挡，用以测量不同的光强范围，读数形式为 ♯ ♯ ♯ ×10⁻⁷ A。数字检流计使用前应先预热 5 min。

先将量程选择开关置于"1"挡，"衰减"旋钮置于校准位置(即顺时针转到头，置于灵敏度最高位置)，调节"调零"旋钮，使数据显示为"－.000"(负号闪烁)。

如果被测信号大于该挡量程，则仪器会有超量程显示，即显示"]"或"E"，其他三位均显示"9"，此时可调高一挡量程；当数字显示小于"190"，小数点不在第一位时，一般应将量程减小一挡，以充分利用仪器的分辨率。

测量过程中，如果需要将某数值保留下来，可开"保持"开关(灯亮)，此时无论被测信号如何变化，前一数值保持不变。

由于激光衍射所产生的散斑效应，光电流显示的值将在约 10% 范围内上下波动，属正常现象，实验中可根据判断选一中间值。

5. 实验注意事项

(1) 实验中应避免硅光电池疲劳；避免强光直接照射它加速老化。

(2) 避免环境附加光强，实验应处于暗环境操作，否则应对数据作修正。

(3) 测量时，应根据光强分布范围的不同，选取不同的测量量程。

四、实验步骤

1. 观察单缝衍射的光强分布

(1) 在光导轨(1.2 m)上正确地安置好各实验装置(建议激光器与单缝间距约为20 cm，组合光栅片与光强测量装置间距约为 80 cm)，各仪器装置保持在同一水平线上，如图 6.13 - 5 所示。打开激光器，用小孔屏(白屏，有 5 mm 小孔)调整光路，使激光光束与导轨平行。

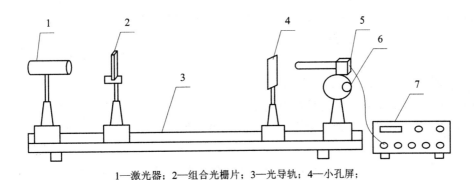

1—激光器；2—组合光栅片；3—光导轨；4—小孔屏；
5—光电探头；6——维光强测量装置；7—数字检流计

图 6.13－5　单缝夫琅和费衍射装置图

（2）开启检流计，预热 5 min；仔细检查激光器、固定在二维移动支架上的单缝和一维光强测量装置（千分尺：主尺为毫米尺，微分鼓轮上分 100 小格，精度为 0.01 mm）的底座是否放稳，要求在测量过程中不能有任何晃动；使用一维光强测量装置时注意鼓轮应该单方向旋转的特性（避免回程误差）。

（3）调节组合光栅片的位置，选择合适的单缝，组合光栅片如图 6.12－6 所示，确保激光器的激光垂直照射单缝。由于实验所用激光光束较细，故所得衍射图样是条形衍射光斑（依据条件可配一准直系统，如倒置的望远镜，使物镜作为光入射口，将激光扩束成为宽径平行光束，即可产生衍射条纹）。组合光栅的参数如表 6.13－1 所示。

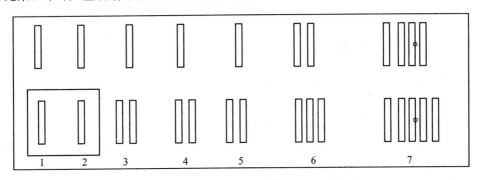

图 6.13－6　组合光栅片

表 6.13－1　组合光栅片的参数

光栅片	上部	下部
第1组	单缝($a=0.12$ mm)	单丝($a=0.12$ mm)
第2组	单缝($a=0.10$ mm)	单丝($a=0.10$ mm)
第3组	单缝($a=0.07$ mm)	双缝($a=0.02$ mm，$d=2$)
第4组	单缝($a=0.07$ mm)	双缝($a=0.02$ mm，$d=3$)
第5组	单缝($a=0.07$ mm)	双缝($a=0.02$ mm，$d=4$)
第6组	双缝($a=0.02$ mm，$d=2$)	三缝($a=0.02$ mm，$d=2$)
第7组	四缝($a=0.02$ mm，$d=2$)	五缝($a=0.02$ mm，$d=2$)

（4）在硅光电池处，先用小孔屏进行观察，调节单缝倾斜度及左右位置，使衍射光斑水平、均匀、呈条形状，两边对称、明暗相间。然后改用其他单缝和间距，观察衍射光斑的变化规律。

2. 测量衍射光斑的相对强度分布

（1）移动小孔屏，在小孔屏处放上硅光电池及一维光强测量装置，使激光束沿垂直方向移动。遮住激光出射口，把检流计调到零点基准。在测量过程中，检流计的挡位开关要根据光强的大小适当换挡。

（2）检流计挡位放在适当挡，转动一维光强测量装置鼓轮，把硅光电池狭缝位置移到标尺中间位置处，调节硅光电池平行光管的左右、高低位置和倾斜度，使衍射光斑中央最大两边相同级次的光强以同样高度射入硅光电池平行光管的狭缝。

（3）移动光强测量装置，找到最大光强位置，即中央明纹中心，从此中心处开始，每经过 0.5 mm，沿展开方向测一点光强，一直测到另一侧的第三个暗点。由于光强分布具有对称性，故可测量一半；由于实验室处于较暗环境，读数时可借用小手电筒读记数据。应特别注意衍射光强的极大值和极小值的光强测量。

* 3. 选做实验（根据时间情况选做）

（1）利用激光器，准直系统，起、检偏装置（起偏可转向），光电池和检流计观察偏振光在一周内的光强变化，验证马吕斯定律：

$$I = I_0 \cdot \cos^2 \varphi$$

（2）观察激光入射光束通过多种类型衍射屏的物理现象。

五、测量记录和数据处理

本实验使用的半导体红光激光器波长为：$\lambda = 635.0$ nm。

（1）记录所观察的衍射光斑的变化情况。

（2）选取中央最大光强处为 x 轴坐标原点，把测得的数据记入下表中，并作归一化处理。即把在不同位置上测得的检流计光强读数 I 除以中央最大的光强读数 I_0，然后在方格（坐标）纸上做出 $I/I_0 - x$ 衍射相对光强分布曲线，如图 6.13-7 所示。

x/mm	0.0	0.5	1.0	1.5	……	
I						
I/I_0	1					

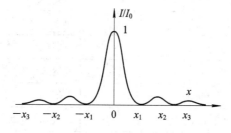

图 6.13-7　相对光强示意图

（3）根据曲线上 3 个暗点（$k=1, 2, 3$）的位置 x_1，x_2，x_3，将所测的各数据记入下表中，用公式(5)分别计算出单缝的宽度 d_1，d_2，d_3，然后求其平均值。

建立：计算值和平均值统一用毫米(mm)单位表示。

级序 k	缝宽(1)：d	
	x_k	d_k
1		
2		
3		
平均值	$\bar{d}=$	

*(4) 将平均值与所用狭缝的标准宽度进行比较。作图时需注意：

① 在同一坐标系下如有两条以上曲线时，须用不同的线型区分；

② 曲线要光滑，过渡自然，且细、匀；

③ 由于曲线具有对称性，作图时可以画一半；

④ 为了从图中精确地取得数据，且不人为改变实验误差，建议：纵轴 $I/I_0 = 1$ 的位置至少在图上是 10 cm，横轴至少选 1 cm 为 1 mm。

思 考 题

1. 夫琅和费衍射应符合什么条件？本实验为何可认为是夫琅和费衍射？

2. 比较和分析测得的两条衍射相对光强分布曲线，归纳其规律和特点。

3. 实验中如何判断激光束垂直入射在单缝上？

4. 若环境背景光对实验有干扰，你将采取什么方法消除其影响？

实验 14 偏振法测葡萄糖溶液的浓度

一、实验目的

(1) 了解旋光仪的结构和工作原理。

(2) 掌握运用旋光仪测定葡萄糖溶液浓度的方法。

二、实验仪器

WXG-4 小型旋光仪、葡萄糖溶液。

三、实验仪器简介

线偏振光通过旋光性溶液后，线偏振光的振动面旋转的角度 φ 也称为该溶液的旋光度。旋光仪就是专门测定旋光性溶液旋光度的仪器。通过对旋光度的测定，可测定溶液的浓度，也可检验物质的纯度、含量等。因此旋光仪被广泛应用在化学工业、石油工业、制糖工业、制药工业、食品工业以及医学化验方面。

WXG - 4 小型旋光仪的构造如图 6.14 - 1 和图 6.14 - 2 所示。

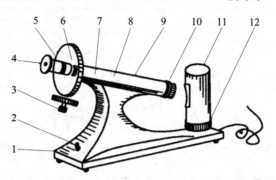

1—底座；2—电源开关；3—度盘转动手轮；4—放大镜座；5—调焦手轮；6—度盘游标；
7—试管筒；8—筒盖；9—筒盖手柄；10—筒盖连接圈；11—灯罩；12—灯座

图 6.14 - 1　WXG - 4 小型旋光仪

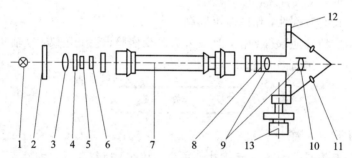

1—光源(钠光灯)；2—毛玻璃；3—聚光镜；4—滤色镜；5—起偏镜；6—石英晶片；7—试管；
8—检偏镜；9—物、目镜组；10—调焦手轮；11—读数放大镜；12—度盘游标；13—度盘转动手轮

图 6.14 - 2　WXG - 4 小型旋光仪的光学系统

如图 6.14 - 2 所示，从光源射出的光线通过聚光镜、滤色镜和起偏镜后成为线偏振光，在石英晶片处形成三分视场。通过检偏镜和物、目镜组可以观察到图 6.14 - 3 所示的 3 种三分视场。

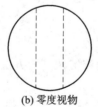

(a) 中间暗两边亮　　　　　　(b) 零度视物　　　　　　(a) 中间亮两边暗

图 6.14 - 3　三分视场

旋光仪是以马吕斯定律：

$$I = I_0 \cos^2\theta$$

为基本原理制成的。式中，I_0 为入射线偏振光的强度，I 为透射光的强度，θ 为入射线偏振光的振动方向与检偏镜的偏振化方向之间的夹角。当 $\theta = \pi/2$ 时，透射光的强度 $I = 0$，这时视场最暗。

如图 6.14-4 所示，ON_1 表示起偏镜的偏振化方向，OA 表示入射线偏振光的振动方向，ON_2 表示检偏镜的偏振化方向。实验时，先在旋光仪的试管筒未放入试管的情况下，缓慢旋转度盘转动手轮，从而改变检偏镜的偏振化方向，使通过目镜观察到的视场变成最暗，这时表明 $ON_2 \perp OA$，即 $\theta = \pi/2$。然后在试管筒中放入装满待测溶液的试管，由于溶液的旋光性，使线偏振光的振动面旋转了 φ 角，即由 OA 转到 OA'。由于 $\angle A'ON_2 \neq \pi/2$，因而通过目镜观察到的视场不再是最暗。再旋转度盘转动手轮，使视场重新变成最暗，这时表明检偏镜的偏振化方向已由 ON_2 转到 ON_2'，且 $\angle A'ON_2' = \pi/2$，而 ON_2 转过的角度（可由度盘读出）等于旋光性溶液使线偏振光的振动面旋转的角度 φ。

　　显然，判"视场最暗"是准确测定溶液旋光度的关键。然而单靠人眼观察，很难客观确定"视场最暗"。实验证明，人眼对相邻两物体明暗程度的比较能力远大于单独判断某物体明暗程度的能力。因此旋光仪采用"三分视界法"来确定光学零位。所谓三分视界法，就是在光路中加入两块月牙形的石晶片，将圆形视场分为三部分，如图 6.14-5 所示。通过检偏镜和物、目镜可以观察到如图 6.14-3 所示的三种视场。

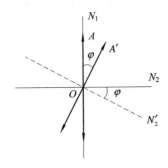

图 6.14-4　溶液的旋光度 φ

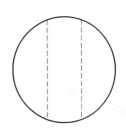

图 6.14-5　三分视界法

　　二分视界法的工作原理是这样的：如图 6.14-6(a)所示，ON_1 表示起偏镜的偏振化方向，OA 表示线偏振光透过玻璃后的振动方向。OB 表示线偏振光透过石英晶片后振动面旋转 ψ 角后的振动方向（因为石英晶片也是旋光性物质）。若检偏镜的偏振化方向 $ON_2 \perp OA$，由于 $\angle AON_2 = \dfrac{\pi}{2}$，$\angle BON_2 \neq \dfrac{\pi}{2}$，因而通过目镜观察，将观察到中间暗两边亮的视场，如图 6.14-6(b)所示。若旋转度盘转动手轮，从而改变检偏镜的偏振化方向，则中间和两边视场的明暗程度都将发生变化。当 $\angle BON_2 = \pi/2$ 时，$\angle AON_2 > \pi/2$，因而视场变成中间亮两边暗，如图 6.14-6(c)所示。在图 6.14-6(d)中 OC 表示角 ψ 的平分线，则当 $ON_2 \perp OC$ 时，由于 $\cos^2 \angle AON_2 = \cos^2(\pi/2 + \psi/2)$，$\cos^2 \angle BON_2 = \cos^2(\pi/2 - \psi/2)$，两者相等，因而三分视场的亮度相等，我们把这种状态称为"零度视场"，这时度盘的读数确定为 0。在旋光仪的试管筒中放入装满待测溶液的试管后，由于溶液具有旋光性，OA 和 OB 的方向将旋转 φ 角而变成 OA' 和 OB'，如图 6.14-6(e)所示。为了重新观察到三分视场亮度相等的状态，ON_2 也应旋转 φ 角而变成 ON_2'。因此，在旋光仪的试管筒中放入装满待测溶液的试管后，只要旋转度盘转动手轮，使三分视场的亮度重新相等，则检偏镜的偏振化方向 ON_2 转过的角度 φ（可以由度盘读出）就是溶液的旋光度。

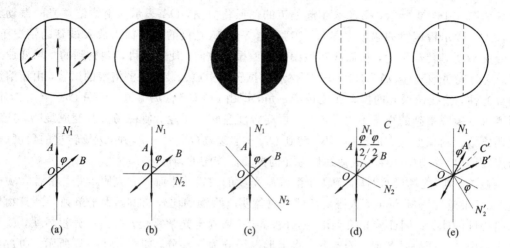

图 6.14 - 6　三分视界法的工作原理

度盘圆周分为 360 格，每格为 1°，游标分为 20 格，等于度盘上的 19 格，所以游标盘上的每格比度盘上的每格小，即

$$1° - \frac{19°}{20} = 0.05°$$

读数时，以游标上的 0 刻线为准，先在度盘上读出整数度数，然后确定游标上第 n 根刻线与度盘上的某刻线对齐，则小数部分的度数为 $0.05 \times n$，二者相加即为溶液的旋光度 φ。为了消除度盘的偏心差，采用双游标读数。在图 6.14 - 7 中，左边游标的读数 $\varphi_{左}$ 恰好等于右游标的读数 $\varphi_{右}$，表明度盘没有偏心差。游标上所标的数值为小数部分的度数。了为看清读数，在目镜两侧装有放大镜。

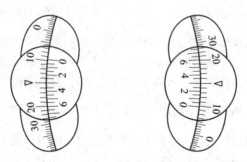

图 6.14 - 7　旋光度的读法
$$\varphi_{左} = 9° + 0.05° \times 6 = 9.30°; \quad \varphi_{右} = 9° + 0.05° \times 6 = 9.30°$$

四、实验原理

当线偏振光通过某些透明物质时，线偏振光的振动面将旋转一定的角度，这种现象称为振动面的旋转或旋光现象。能产生旋光现象的物质称为旋光性物质，例如石英晶体和糖、酒石酸溶液都是旋光性较强的物质。旋光现象是阿喇果在 1811 年首先发现的。

如图 6.14 - 8 所示，当线偏振光通过旋光性溶液时，线偏振光的振动面旋转的角度为

$$\varphi = acd \tag{6.14 - 1}$$

式中，c 是溶液的浓度，d 是溶液的厚度，a 是溶液的旋光常数。一般 φ 的单位为度（°），c 的单位为 g/cm^3，d 的单位为 dm，a 的单位是（°）·$cm^3/(g \cdot dm)$。

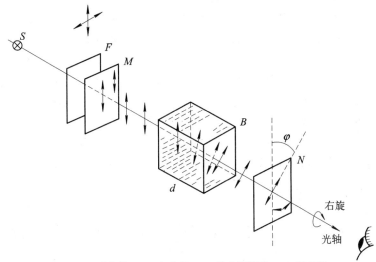

S—光源；F—滤色镜；M—起偏镜；B—旋光性溶液；N—检偏镜

图 6.14-8　旋光现象

在入射光的波长和溶液的温度一定时，各种旋光性溶液都有各自确定的旋光常数。例如，当用钠黄光（$\lambda = 589.3$ mm）照射，温度为 20.0℃时，葡萄糖溶液的旋光常数为

$$a = 52.5(°) \cdot cm^3/(g \cdot dm)$$

因此，只要测得线偏振光的振动面旋转的角度 φ 和溶液的厚度 d，根据（1）式即可求出溶液的浓度为

$$c = \frac{\varphi}{ad} \qquad (6.14-2)$$

对大多数旋光性溶液来说，当用钠黄光照射，温度升高 1℃时，旋光常数 a 约减小 0.3%。因此，对于要求较高的测定工作，应在 (20.0 ± 2.0)℃的条件下进行。

不同的旋光性物质可以使线偏振光的振动面向不同的方向旋转。若面对光源观察，使振动面向右旋转的物质称为右旋转物质，如图 6.14-8 所示；使振动面向左旋转的物质称为左旋物质。石英晶片由于结晶形态不同而分为右旋和左旋两种类型。糖也有右旋糖和左旋糖，但它们的营养价值是一样的。

五、实验步骤

（1）打开电源开关，约 5 min 后，钠灯正常发光。

（2）检查仪器有无零位误差（初读数）。在旋光仪的管筒中没有放入试管（或放入装满蒸馏水的试管）时，旋转度盘转动手轮，使度盘的读数在 0°附近。然后一边仔细观察视场，一边微微左右旋转度盘转动手轮，使三分视场的亮度相等，视界边缘消失。观察过程中，如果发现视场模糊，可调节调焦手轮。当三分视场的亮度相等时，度盘应指示为 0，否则说明仪器有初读数。读记此初读数 φ_0（注意正负）。

（3）在两个试管中装满葡萄糖溶液，装上橡皮垫圈，轻轻旋上螺帽，直到不漏水为止。螺帽不宜旋得过紧，否则护片玻璃中将产生应力，使测量结果产生误差。然后将试管外面的溶液擦干，以免影响视场清晰度及测量结果。

（4）拉动筒盖手柄，打开筒盖，将长度为 100 mm 的试管放入试管筒中，再盖好筒盖。

（5）一边观察视场，一边旋转转盘转动手轮，当三分视场的亮度相等时，从左边游标读记读数 $\varphi_{左}$，从右边游标读记读数 $\varphi_{右}$。求出 $\varphi_{左}$ 和 $\varphi_{右}$ 的平均值，再减去初读数 φ_0，即为溶液的旋光度 φ。当度盘转到任何位置时，左右游标的读数相等，则表明度盘不存在偏心差，可以只从左边（或右边）游标读数。

（6）重复测量 5 次，求出溶液的平均旋光度 $\bar{\varphi}$。

（7）根据式（6.14－2），求出葡萄糖溶液的浓度 c。

（8）将长度为 200 mm 的试管放入试管筒中，重复步骤（5）、（6）、（7）。

六、测量记录和数据处理

当用钠黄光（$\lambda＝589.3$ nm）照射，温度为 20.0℃时，葡萄糖溶液的旋光常数为

$$\alpha = 52.5(°) \cdot cm^3 /(g \cdot dm)$$

$$\varphi_0 = \underline{\qquad\qquad}$$

将所测的数据记入表 6.14－1 中。

（1）溶液厚度 $d＝100$ mm＝ _____ dm。

表 6.14－1　（a）

实验次数	$\varphi_{左}/(°)$	$\varphi_{右}/(°)$	旋光度 $\varphi=\frac{1}{2}(\varphi_{左}+\varphi_{右})-\varphi_0 /(°)$
1			
2			
3			
4			
5			

$$\bar{\varphi} = \underline{\qquad\qquad}$$

$$c = \frac{\bar{\varphi}}{ad} = \underline{\qquad\qquad} \text{g/cm}^3$$

（2）溶液厚度 $d＝200$ mm＝ _____ dm。

表 6.14－1　（b）

实验次数	$\varphi_{左}/(°)$	$\varphi_{右}/(°)$	旋光度 $\varphi=\frac{1}{2}(\varphi_{左}+\varphi_{右})-\varphi_0 /(°)$
1			
2			
3			
4			
5			

$$\overline{\varphi} = \underline{\hspace{3cm}}$$

$$c = \frac{\overline{\varphi}}{ad} = \underline{\hspace{3cm}} \text{ g/cm}^3$$

思 考 题

1. 旋光仪的基本原理是什么？

2. 为什么要采用三分视界法来确定光学零位？试说明它的工作原理。

3. 若要知道某种溶液的旋光常数，你能用旋光仪测定吗？还需要什么仪器？

4. 已知用旋光仪测量时，读数是正的，则为右旋物质，读数是负的，则为左旋物质，那么你所测量的葡萄糖是右旋葡萄糖还是左旋葡萄糖？

第七章　近代物理实验

本章实验为综合性实验，同一个实验内容中涉及了力学、热学、电磁学、光学或近代物理等多个知识领域，综合应用了多种实验方法和实验技术，目的是为了巩固学生在基础性实验阶段的学习成果、开阔学生的眼界和思路，提高学生对实验方法和实验技术的综合运用能力。

实验 15　利用光电效应测普朗克常数

1900 年，德国物理学家普朗克（Planck，Max Karl Ernst Ludwig，1858－1947 年）为了克服经典物理学对黑体辐射现象解释上的困难，创立了物质辐射（或吸取）的能量只能是某一最小能量单位（能量量子）的整数倍的假说，即量子假说。普朗克引进了一个物理普适常数，即普朗克常数，以符号 h 表示，其数值为 $6.6260755 \times 10^{-34}$ J·s，是微观现象量子特性的表征。他从理论上导出了黑体辐射的能量按波长（或频率）分布的公式，称为普朗克公式。量子假说的提出对现代物理学，特别是量子论的发展起了重大的作用。普朗克于 1918 年获得诺贝尔物理学奖。

一、实验目的

（1）通过光电效应实验了解光的量子性。

（2）掌握光电管的伏安特性曲线。

（3）验证爱因斯坦方程，并由此确定普朗克常数。

二、实验仪器

KB－PH3A 型光电效应（普朗克常数）实验仪。

三、实验原理

爱因斯坦认为从一点发出的光不是按麦克斯韦电磁学说指出的那样以连续分布的形式把能量传播到空间，而是频率为 ν 的光以 $h\nu$ 为能量单位（光量子）的形式一份一份地向外辐射。至于光电效应，是具有能量 $h\nu$ 的一个光子作用于金属中的一个自由电子，并把它的全部能量交给这个电子而造成的。如果电子脱离金属表面耗费的能量为 W，则由光电效应打出来的电子的动能为

$$E = h\nu - W$$

或
$$\frac{1}{2}mv^2 = h\nu - W \qquad\qquad (7.15-1)$$

式中：h 为普朗克常数，公认值为 $6.6260755 \times 10^{-34}$ J·s；ν 为入射光的频率；m 为电子的质量；v 为光电子逸出金属表面时的初速度；W 为受光线照射的金属材料的逸出功（或功函数）。

式(7.15-1)称为爱因斯坦方程，式中 $\frac{1}{2}mv^2$ 是没有受到空间电荷阻止，从金属中逸出的电子的最大初动能。由式(7.15-1)可见，入射到金属表面的光频率越高，逸出来的电子最大初动能必然也越大。正因为光电子具有最大初动能，所以即使阳极不加电压也会因有光电子落入而形成光电流，甚至阳极相对于阴极的电势低时也会有光电子从阴极到达阳极，直到阳极电势低于某一数值时，所有光电子都不能达到阳极，光电流才为零。这个相对于阴极为负值的阳极电势 U_s 被称为光电效应的截止电压。

显然，此时有
$$e\,|\,U_s\,| - \frac{1}{2}mv^2 = 0 \qquad\qquad (7.15-2)$$

代入式(7.15-1)即有
$$e\,|\,U_s\,| = h\nu - W \qquad\qquad (7.15-3)$$

由于金属材料的逸出功 W 是金属的固有属性，对一给定的金属材料 W 是一个定值，它与入射光的频率无关。令 $W = h\nu_0$，ν_0 为截止频率，即具有频率 ν_0 的光子的能量恰好等于逸出功 W。

将式(7.15-3)改写为
$$|\,U_s\,| = \frac{h}{e}\nu - \frac{W}{e} = \frac{h}{e}(\nu - \nu_0) \qquad\qquad (7.15-4)$$

式(7.15-4)表明，截止电压 U_s 是入射光频率 ν 的线性函数。当入射光频率 $\nu = \nu_0$ 时，截止电压 $U_s = 0$，没有光电子析出。上式的斜率 $K = h/e$ 是一个正常数。

由此可得普朗克常数为
$$h = eK \qquad\qquad (7.15-5)$$

可见，只要用实验方法作出不同频率下的 $|\,U_s\,| - \nu$ 曲线，并求出此曲线的斜率 K，就可以通过式(7.15-5)求出普朗克常数 h 的数值。其中，$e = 1.602 \times 10^{-19}$ C，是电子的电荷量。

图 7.15-1 是用光电管进行光电效应实验测量普朗克常数的实验原理图。

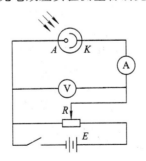

图 7.15-1　实验原理图

频率为 ν，强度为 P 的光照射到光电管阴极上，即有光电子从阴极逸出，在阴极 K 和阳级 A 之间加有反向电压 U_{KA}，它使电极 K、A 之间建立起的电场对光电阴极逸出的光电子起减速作用，故也称此时的 U_{KA} 为减速电压。随着电压 U_{KA} 的增加，到达阳极的光电子（表现为光电流）将逐渐减小。

当 $U_{KA}=U_S$ 时，光电流降为零，可参考图 7.15-2 光电管的伏安特性曲线。用不同频率的光照射，可以得到与之相应的 $I_{KA}-U_{KA}$ 特性曲线和对应的 U_S 电压值。在直角坐标系中作出 $|U_S|-\nu$ 关系曲线，如图 7.15-3 所示。如果它是一根直线，就证明了爱因斯坦光电效应方程的正确。由该直线的斜率可求出普朗克常数（$h=eK$）。另外，由直线的延长线与坐标横轴的交点可求出该光电管阴极材料的截止频率 ν_0。

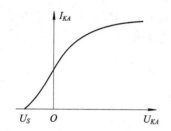

图 7.15-2　光电管的伏安特性曲线

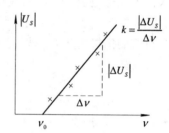

图 7.15-3　光电管的 $|U_S|-\nu$ 特性曲线

必须指出，在实际测量时，因为光电流很小，需考虑由其他因素引起的干扰电流。干扰电流有下面三种：

（1）暗电流：光电管在没有受到光照时，也会产生电流，称为暗电流。暗电流与外加电压是线性变化的，它由热电流（在一定温度下，阴极发射的热电子形成的电流）和漏电流（由于阳极和阴极之间的绝缘材料不是理想的绝缘材料而形成的电流）组成。

（2）本底电流：因周围杂散光进入光电管而形成的电流。

（3）反向电流：在制作光电管时，阳极 A 上往往溅有阴极材料，所以当光射到 A 上时，阳极 A 上也会逸出光电子；另外，有一些由阴极 K 飞向阳极 A 的光电子会被 A 表面反射回来。当在 A、K 之间加反向电压 U 时，对 K 逸出的光电子来说起了减速作用，而对 A 逸出和反射的光电子来说却起加速作用，于是形成反向电流。

由于上述干扰的存在，当分别用不同频率的入射光照射光电管时，实际测得光电效应的伏安特性曲线如图 7.15-4 所示。实测光电流曲线上的每一个点的电流为正向光电流、

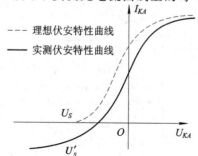

图 7.15-4　实际测量中的伏安特性曲线

反向光电流、本底电流和暗电流的代数和，致使光电流的截止电压点也从 U_s 下移到 U'_s 点，它不是光电流为零的点，而是实测曲线中直线部分抬头和曲线部分相接处的点，称为"抬头点"。"抬头点"所对应的电压相当于截止电压 U_s。

四、实验步骤

1. 测试前的准备

（1）打开汞灯开关，让汞灯预热 20 min。

（2）将汞灯、光电管暗盒遮光盖盖上，调整暗盒距离汞灯 30 cm 处并保持不变。

（3）用专用连接线将光电管暗箱电压输入端与测试仪电压输出端（后面板上）连接起来（红—红，黑—黑）。

（4）仪器充分预热后，进行测试前调零：先将测试仪与光电管断开，在无光电流输入的情况下，将"电流量程"选择开关旋转到 10^{-13} 挡，进行测量挡调零，旋转"电流调零"旋钮，使电流指示为 0.0。

（5）用高频匹配电缆将光电管暗箱电流输出端 K 与测试仪微电流输入端（后面板上）连接起来。

2. 测量光电管的伏安特性曲线

（1）取下汞灯上的遮光罩，让光源出射孔对准暗盒窗口，将电压选择按键置于 $-2 \sim +2$ V 挡。将滤色片转轮旋至 365.0 nm，调整光阑孔径至 10 mm 挡。

（2）"电压调节"从 -2 V 调起，缓慢增加，先观察一遍不同滤色片下的电流变化情况，记下电流明显变化的电压值以便精测。

（3）在粗测的基础上进行精测记录。首先选择 365.0 nm 滤色片进行测量，调节减速电压 U 从 -2.00 V 逐渐增大到 0 V 左右，并记入表 7.15-1 中，且每组测量数据不少于 20 个。

注意，在光电流开始明显变化的地方多读几个值，以便准确地测出抬头点。

（4）旋转滤色片，依次选择 365.0 nm、404.8 nm、435.8 nm、546.1 nm、578.0 nm 滤色片，重复步骤（3）。

（5）在精度合适的坐标纸上，仔细作出不同波长（频率）的伏安特性曲线（见图 7.15-5）。从曲线中认真找出电流开始变化的抬头点，确定 I_{KA} 的截止电压 U_s，并记入表 7.15-2 中。

（6）把不同频率下的截止电压 U_s 绘制在坐标纸上，如果光电效应遵从爱因斯坦方程，则 $U_s = f(\nu)$ 关系曲线应该是一根直线。求出直线的斜率：

$$K = \frac{\Delta U_s}{\Delta \nu}$$

代入式（7.15-5）求出普朗克常数 $h = ek$，并算出所测值与公认值之间的误差。

（7）改变光源与暗盒的距离 L，观察光电流及截止电压随光的强弱的变化，并对结果做出解释。（这一内容可选作）

（8）实验结束后，关闭仪器电源，盖上汞灯的遮光罩，并旋转光电管暗盒上的滤色片转轮，将挡光片正对暗盒光窗。

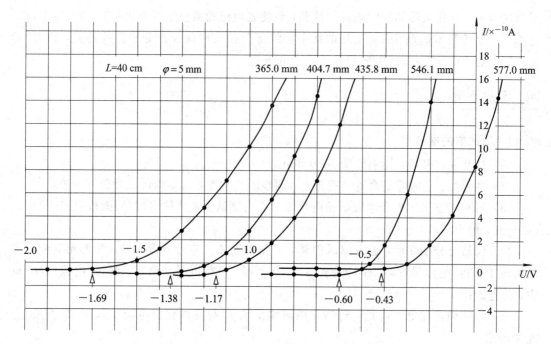

图 7.15 - 5 光电管的伏安特性曲线

五、测量记录和数据处理

（1）汞灯与光电管间的距离 $L=$ ____ cm；光阑孔径 $\varphi=$ ____ mm。将所测的数据计入表 7.15 - 1 中。

表 7.15 - 1 减速电压 U_{KA} 与对应的光电流 I_{KA} 的关系

测量次数		1	2	⋯	⋯	⋯	N
365.0 nm	U_{KA}/V						
	$I_{KA}/\times 10^{-11}$ A						
404.8 nm	U_{KA}/V						
	$I_{KA}/\times 10^{-11}$ A						
435.8 nm	U_{KA}/V						
	$I_{KA}/\times 10^{-11}$ A						
546.1 nm	U_{KA}/V						
	$I_{KA}/\times 10^{-11}$ A						
578.0 nm	U_{KA}/V						
	$I_{KA}/\times 10^{-11}$ A						

表 7.15-2　光电效应的频率与截止电压的关系

波长/nm	365.0	404.8	435.8	546.1	578.0
频率/×10^{14} Hz	8.22	7.41	6.88	5.49	5.20
截止电压 U_s/V					

(2) 计算。

普朗克常数公认值：

$$h_0 = 6.626 \times 10^{-34} \text{ J·s}$$

电子电量：

$$e = 1.602 \times 10^{-19} \text{ C}$$

$$K = \frac{\Delta |U_s|}{\Delta \nu} = \underline{\qquad\qquad}$$

$$h = eK = \underline{\qquad\qquad} \text{ J·s}$$

$$\Delta h = |h - h_0| = \underline{\qquad\qquad} \text{ J·s}$$

$$E = \frac{|h - h_0|}{h_0} \times 100\% = \underline{\qquad\qquad}$$

六、注意事项

(1) 本机配套滤色片是精加工的组合滤色片，注意避免污染，保持良好的透光率。

(2) 仪器不宜在强磁场、强电场、高湿度和温度变化大的场合下工作。

(3) 在进行正式测量前，普朗克常数测定仪必须充分预热 20~30 min，以免测量时仪器工作不正常。

(4) 本实验使用的汞灯及光电管暗盒与底座采用轨道式连接方式，方便了仪器的调整，但使用时(尤其是旋转滤色片转轮时)必须小心，以免汞灯及光电管暗盒从轨道中脱出损坏。

思 考 题

1. 写出爱因斯坦方程，并说明它的物理意义。

2. 实测的光电管的伏安特性曲线与理想曲线有何不同？"抬头点"的确切含义是什么？

3. 当加在光电管两极间的电压为零时，光电流却不为零，这是为什么？

4. 实验结果的精度和误差主要取决于哪几个方面？

附录：本实验所用仪器及其参数

(1) GD-27 型光电管。该光电管阳极为镍圈，阴极为银-氧-钾(Ag-O-K)，光谱响应范围为 340~700 nm，光窗为无铅多硼硅玻璃，最高灵敏波长是(410.0±10.0)nm，阴极光灵敏度约为 1 μA/Lm，暗电流约为 10^{-12} A。

为了避免杂散光和外界电磁场对微弱光电流的干扰，光电管安装在金属暗盒中，暗盒窗口安放有直径为 8 mm 和 10 mm 等多种孔径的光阑孔并装配带 NG 型带通滤色片的转轮。

NG 型滤色片是一组宽带通型有色玻璃组合滤色片，具有滤选 365.0 nm，404.8 nm，435.8 nm，546.1 nm，578.0 nm 等 5 种谱线的能力。转轮上同时还带有光通量为 75%、50%、25% 的滤光片。

（2）NJ-50WHg 汞灯电源及灯具。本实验采用高压汞灯光源。在 303.2~872.0 nm 的谱线范围内有 365.0 nm，404.8 nm，435.8 nm，546.1 nm，578.0 nm 等谱线可供实验使用。

（3）XD-P4 型微电流测量放大器。其电流测量范围为 $10^{-13} \sim 10^{-8}$ A，分六挡十进制变换，机内设有稳定<1%，精密连续可调的光电管工作电源，电压量程分$-2 \sim +2$ V，$-2 \sim 30$ V 两挡，测量放大器可以连续工作 8 h 以上。

实验 16　运用迈克尔逊干涉仪测定氦-氖激光器的波长

一、实验目的

（1）了解迈克尔逊干涉仪的工作原理。
（2）掌握用迈克尔逊干涉仪测定氦-氖激光波长的方法。
（3）掌握用迈克尔逊干涉仪测定钠光 D 双线波长差的方法。
（4）观察等厚干涉条纹。

二、实验仪器

迈克尔逊干涉仪、氦-氖激光器、钠灯、观察屏、水平仪。

三、实验仪器简介

干涉仪是根据光的干涉原理制成的。它是一种测量长度、角度和折射率等的精密光学仪器。图 7.16-1 是实验室中常用的迈克尔逊干涉仪。

迈克尔逊干涉仪的光路图如图 7.16-2 所示。M_1 和 M_2 是两块平面反射镜。其背面各有 3 个调节螺旋，用来调节镜面法线的方位。M_2 是固定在仪器上的，故 M_2 称为固定反射镜。M_1 装在导轨的拖板上，拖板由精密丝杠带动，这样 M_1 可沿导轨前后移动，故 M_1 称为移动反射镜。P_1 和 P_2 是两块材料和厚度都相同的平行平面玻璃板，它们的镜面与导轨线成 45°角。在 P_1 对着 M_2 的面上涂有半透膜，半透膜能将入射光分成振幅近似相等的反射光（1）和透射光（2），故 P_1 称为分光板。由于 P_2 补偿了光线（1）和（2）之间附加的光程差（使光线（1）和（2）均三次穿过平面玻璃板），故 P_2 称为补偿板。必须注意：分光板 P_1、补偿板 P_2、平面反射镜 M_1 和 M_2 的光学表面绝对不能用手摸，也不能用擦镜纸擦。M_1 镜的位置由 3 个读数尺确定。主尺装在导轨侧面，最小刻线为 1 mm，由拖板上的标志线指示毫米以上的读数。毫米以下的读数由两套螺旋测微装置指示。粗调手轮转一周，M_1 镜移动 1 mm，而粗调手轮圆周分成 100 小格，故粗调手轮转动一小格，M_1 镜就移动 0.01 mm。粗调手轮转动一小格，微调手轮旋转一周，而微调手轮圆周也分成 100 小格，故微调手轮转动一小格，M_1 镜仅移动 0.0001 mm=10^{-7} m。还可以估读 1/10 小格，因而 M_1 镜的位置可以估读到 10^{-8} m。

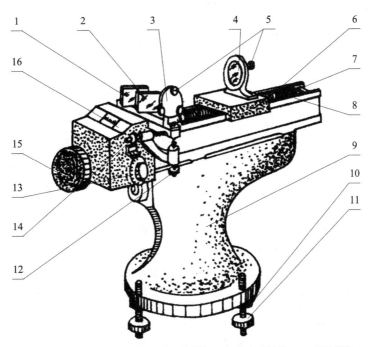

1—分光板；2—补偿板；3—固定反射镜；4—移动反射镜；5—调节螺旋；
6—拖板；7—精密丝杠；8—导轨；9—底座；10—水平调节锁紧螺母；
11—水平调节螺母；12—垂直拉簧螺旋；13—微调手轮；14—水平拉簧螺旋；
15—粗调手轮；16—读数窗口

图 7.16-1 迈克尔逊干涉仪

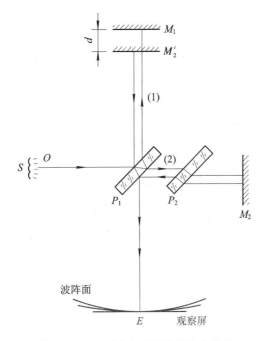

图 7.16-2 迈克尔逊干涉仪的光路图

为了能够精确地调节 M_2 镜法线的方位,把 M_2 镜装在一根与导轨固定的悬臂杆上,杆端系有两根张紧的弹簧,弹簧的松紧程度可由拉簧螺旋调节。调节仪器底座上的 3 个水平调节螺旋,可以使导轨处于水平状态。

四、实验原理

如图 7.16-2 所示,从面光源 S 射来的光,在到达分光板 P_1 后被分成反射光(1)和透射光(2)。反射光(1)在半透膜上反射后透过 P_1 向着 M_1 前进,透射光(2)透过 P_2 后向着 M_2 前进。反射光(1)经 M_1 反射后,第二次透过 P_1,到达 E 处;透射光(2)经 M_2 反射后,第二次透过 P_2,再经过 P_1 反射,也到达 E 处。因为这两列光波来自光源上同一点 O,所以是相干光。因而在 E 处的观察屏上能看到干涉图样。

因为光在分光板 P_1 的半透膜上反射,所以 M_2 在 M_1 附近形成虚像 M_2'。反射光(1)和透射光(2)从 M_1 和 M_2 的反射,相当于从 M_1 和 M_2' 的反射。由此可见,在迈克尔逊干涉仪中产生的干涉与 M_1 和 M_2' 之间的厚度为 d 的空气膜所产生的干涉是等效的。

1. 利用圆形干涉条纹测定氦-氖激光的波长

当 $M_1 M_2'$ 平行时(即当 M_1 和 M_2 垂直时),将观察到圆形干涉条纹(等倾干涉条纹)。图 7.16-3 是氦-氖激光在观察屏上形成的圆形干涉条纹。

如图 7.16-4 所示,入射角为 i 的光线 a,经 M_1 和 M_2' 反射成为光线 a_1 和 a_2,且 a_1 和 a_2 相互平行。

图 7.16-3 氦-氖激光的圆形干涉条纹

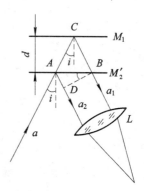

图 7.16-4 相干光的光程差

过 B 点作 BD 垂直于 a_2,则光线 a_1 和 a_2 之间的光程差为

$$\begin{aligned}
\delta &= AC + CB - AD \\
&= 2AC - AD \\
&= 2\,\frac{d}{\cos i} - 2d\,\tan i \cdot \sin i \\
&= 2d\left(\frac{1}{\cos i} - \frac{\sin^2 i}{\cos i}\right) \\
&= 2d\,\cos i
\end{aligned}$$

$$(7.16-1)$$

可见,在空气膜厚度 d 一定时,光程差 δ 只决定于入射角 i。若用透镜 L 将光束汇聚,

则入射角相同的光线在 L 的焦平面上将发生叠加。对于第 K 级亮条纹(设反射光(1)和透射光(2)在分光板半透膜上反射时无半波损失),则有

$$\delta = 2d\cos i_k = K\lambda \qquad (7.16-2)$$

如图 7.16-5 所示,在面光源 S 上,从以 O 点为圆心的圆周上各点发出的光在 M_1 和 M_2' 上有相同的入射角 i,所以 M_1 和 M_2 反射的相干光在透镜 L 的焦平面上形成的干涉条纹是一些明暗相间的圆形干涉条纹(等倾干涉条纹)。

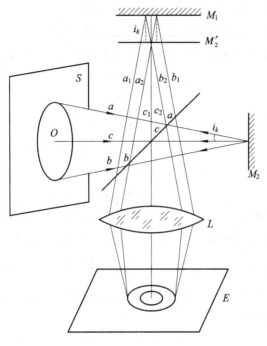

图 7.16-5　圆形干涉条纹的形成

干涉环圆心处是平行于透镜光轴的光束汇聚而成的,对应的入射角 $i_k = 0$,由式(7.16-2)可知,此时两相干光的光程差最大($\delta = 2d$),对应的干涉条纹的级次 K 最高,从圆心向外的干涉条纹的级次逐渐降低。当移动 M_1 镜,使 M_1 和 M_2' 之间的距离 d 逐渐增大时,对于 K 级干涉条纹,必定以减少 $\cos i_k$ 的值来满足 $2d\cos i_k = K\lambda$,故该干涉条纹向 i_k 增大(即 $\cos i_k$ 减少)的方向移动,即环纹向外扩展。这时我们将看到条纹好像从中心一个一个地向外"涌出"来。反之,当 d 逐渐减小时,条纹将一个一个向中心"缩进"去。每涌出(或缩进)一个条纹,光程差就变化一个波长,光程差是由于光线 a_1 在 M_1 和 M_2' 之间来回行经两次形成的,因而 M_1 和 M_2' 之间的距离增大(或减小)了半个波长。如果有 Δn 个条纹涌出(或缩进),则 M_1 相对于 M_2' 移动的距离为

$$\Delta d = \Delta n \frac{\lambda}{2} \qquad (7.16-3)$$

因此,只要测出 M_1 镜移动的距离 Δd,数出涌出(或缩进)的条纹数 Δn,则待测光波波长为

$$\lambda = \frac{2\Delta d}{\Delta n} \qquad (7.16-4)$$

2. 利用圆形干涉条纹测定钠光 D 双线的波长差（选做）

当 M_1 和 M_2' 平行时，在 E 处将眼睛聚焦在 M_1 镜附近，可以看到明暗相间的圆形干涉条纹。如果光源是单色的，则当 M_1 镜缓慢移动时，虽然视场中心条纹不断涌出（或缩进），但条纹的视见度不变。所谓条纹的视见度是指条纹的清晰程度。通常定义条纹的视见度为

$$V = \frac{I_{max} - I_{min}}{I_{max} + I_{min}} \qquad (7.16-5)$$

式中，I_{max} 和 I_{min} 分别为亮条纹的光强和暗条纹的光强。

钠灯发出的黄光是由两种波长相近的单色光组成的（$\lambda_1 = 589.6$ nm，$\lambda_2 = 589.0$ nm）。这两种光波是钠原子从 3P 态跃迁到 3S 态的过程中辐射出来的，如图 7.16-6 所示。

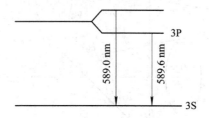

图 7.16-6　钠黄光的能级跃迁

如果用钠灯作为光源，则可以看到的干涉图样是钠黄光中波长为 λ_1 和 λ_2 的这两种单色光分别形成的干涉图样叠加而成的，对干涉环圆心来说，对应的入射角 $i_k = 0$，所以光程差 $\delta = 2d = K\lambda$ 时形成亮条纹，$2d = (2K+1)\frac{\lambda}{2}$ 时形成暗条纹。当 M_1 和 M_2 之间的距离 $d = 0$ 时，λ_1 和 λ_2 都符合加强条件。如果移动 M_1 镜，逐渐增大 d，则总可以找到某一个数值 d_1，使得下面两式同时满足：

$$\begin{cases} 2d_1 = K\lambda_1 \\ 2d_1 = (2K+1)\dfrac{\lambda_2}{2} \end{cases} \qquad (7.16-6)$$

这时，对圆心处来说，λ_1 满足了亮环级的条件，λ_2 满足了暗环级的条件。由于 λ_1 和 λ_2 相差不大，所以 λ_1 生成亮环（暗环）的地方，恰好是 λ_2 生成暗环（亮环）的地方。如果 λ_1 和 λ_2 的光强相等，均为 I_0，则 $I_{max} = I_{min} = I_0$，$V = 0$，即在这些地方条纹的视见度为零，成为一片均匀照明。继续增大 d，我们也总可以找到某一个值 d_2，使得下面两式同时满足：

$$\begin{cases} 2d_2 = (K + \Delta K)\lambda_1 \\ 2d_2 = (K + \Delta K + 1)\lambda_2 \end{cases} \qquad (7.16-7)$$

这时，λ_1 的亮环和 λ_2 的亮环重合，从而 $I_{max} = 2I_0$，$I_{min} = 0$，$V = 1$，即在这些地方条纹最清晰。连续移动 M_1 镜，使得 d 值的增加量 $\Delta d = (d_2 - d_1)$ 的两倍满足：

$$\begin{cases} 2\Delta d = \Delta K\lambda_1 \\ 2\Delta d = (\Delta K + 1)\lambda_2 \end{cases} \qquad (7.16-8)$$

这时，视场中干涉条纹就周期性地经历模糊—清晰—模糊的变化。由式（7.16-8）得

$$\Delta\lambda = \lambda_1 - \lambda_2 = \frac{\lambda_1\lambda_2}{2\Delta d} \qquad (7.16-9)$$

因为 λ_1 和 λ_2 相差很小，所以 λ_1 和 λ_2 的乘积可以用它们的平均值 $\bar{\lambda}$ 的平方代替，于是

$$\Delta\lambda = \frac{(\bar{\lambda})^2}{2\Delta d} \qquad\qquad (7.16-10)$$

式中，Δd 是相邻两次干涉条纹最模糊（或最清晰）时 M_1 镜所移动的距离，$\bar{\lambda} = 589.3$ nm，根据式(7.16-10)即可计算出钠光 D 双线的波长差。

3. 观察等厚条纹(选做)

当 M_1 与 M_2' 相距很近，并把 M_2 镜调斜一很小的角度时，M_1 与 M_2' 间形成一空气劈尖，如图 7.16-7 所示，当用氦-氖激光作为光源时，在 E 处的观察屏上可以看到等厚干涉条纹，如图 7.16-8 所示。

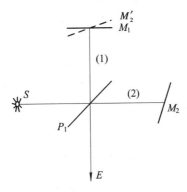

图 7.16-7 M_1 和 M_2 之间形成的空气劈尖

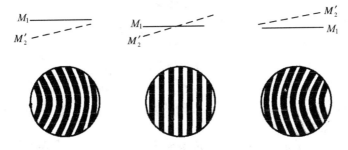

图 7.16-8 等厚干涉条纹

由式(7.16-1)得

$$\delta = 2d\cos i$$
$$= 2d\left(1 - 2\sin^2\frac{i}{2}\right)$$
$$\approx 2d\left(1 - \frac{1}{2}i^2\right)$$
$$= 2d - d \cdot i^2$$

当 M_1 和 M_2' 相交时，交线上 $d = 0$，所以光程差 $\delta = 0$。因为光线(2)在 P_1 上反射时位相突变 π(即半波损失)，所以在交线处产生暗的直线条纹，称为中央条纹。在交线左右两边附近，由于 i 很小，所以 $d \cdot i^2$ 可以忽略，于是

$$\delta = 2d$$

在交线左右两边附近，凡是 d 相等的地方，光程差 δ 相等，所以产生近似的直线条纹，且这些条纹与中央条纹平行。离中央条纹较远的地方，由于 $d \cdot i^2$ 的影响增大，因此，条纹

发生显著弯曲，弯曲的方向凸向中央条纹。离交线越远，d 越大，条纹也越弯曲。

当 M_1 和 M_2' 之间的夹角很小时，移动 M_1 镜，使 M_1 与 M_2' 之间的距离逐渐减小到零，再由零反向逐渐增大，可以看到如图 7.16-8 所示的等厚干涉条纹。

五、实验步骤

1. 测定氦-氖激光的波长

（1）把水平仪放在迈克尔逊干涉仪的导轨上，调节底座上的三个水平调节螺旋，使导轨处于水平状态，然后锁紧水平调节锁紧螺母。

（2）转动粗调手轮，使拖板上的标志线指在主尺上 50~60 mm 范围内，以便调出干涉条纹。

（3）点亮氦-氖激光器，使激光束经分光板 P_1 分束，由 M_1、M_2 反射后，这时在 P_1 上可以看到两组光斑，一组是由 M_1 镜反射产生的，另一组是由 M_2 镜反射产生的，如图 7.16-9 所示。细心地调节 M_1 和 M_2 后面的三个调节螺旋，以改变 M_1 和 M_2 镜法线的方位，使两组光斑完全重合。

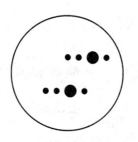

图 7.16-9　光屏上的两组光源

（4）放置接收屏，屏上即可出现干涉条纹。再仔细地调节 M_2 镜旁的两个拉簧螺旋，使干涉条纹变粗，曲率变大，直至出现明暗相间的圆形干涉条纹。然后缓慢地旋转微调手轮，观察条纹的涌出和缩进现象。

（5）调整零点。当转动微调手轮时，粗调手轮随之转动；当转动粗调手轮时，微调手轮并不随之转动。因此在读数前应先调整仪器零点。调整零点的方法如下：沿某一方向（例如顺时针方向）旋转微调手轮至零刻线，然后以同方向转动粗调手轮至任何一条刻线，这样，仪器零点就调好了。

（6）缓慢地旋转微调手轮（必须与调零点时的旋转方向相同），可以观察到条纹的涌出（或缩进）现象。开始计数时，记下 M_1 镜的位置（只要记下两个转盘上的读数，不必记主尺上的读数）d_1。继续旋转微调手轮，数到条纹涌出（或缩进）50 个时，停止转动微调手轮，记下 M_1 镜的位置 d_2，即 $\Delta d = |d_2 - d_1|$。根据式（7.16-4）计算出氦-氖激光的波长。

（7）重复 5 次步骤（6），计算出 λ 的平均值 $\bar{\lambda}$，再与标准值 $\lambda_0 = 632.8$ nm 进行比较，计算出相对误差 E。

注意：在调整和测量过程中，一定要非常细心和耐心，并应缓慢、均匀地转动微调手轮。为了消除回程误差，每次测量必须沿同一方向旋转微调手轮，不得中途反向。

2. 测定钠光 D 双线的波长差（选做）

（1）用氦-氖激光调出圆形干涉条纹。

（2）将氦-氖激光器换成钠灯，在出射光窗口插上毛玻璃，以形成均匀的面光源。

（3）转动粗调手轮，使 M_1 镜距分光板 P_1 的中心与 M_2 镜距 P_1 的中心大致相等（拖板上的标志线约指在主尺上 32 mm 处），以便于调出干涉条纹。

（4）去掉观察屏，沿 EP_1M_1 方向观察，眼睛聚焦在 M_1 附近，即可看到干涉条纹。如果看不到干涉条纹，或者条纹很模糊，可以缓慢地转动粗调手轮半圈左右，使 M_1 移动一下位置，就可以看到干涉条纹。再仔细调节 M_2 镜旁的两个拉簧螺旋，直到出现圆形干涉条纹。

（5）转动粗调手轮，找到视见度模糊的地方，然后调好仪器零点。旋转微调手轮，仔细地找到视见度为零的地方，记下 M_1 镜的位置 d_1。继续沿原方向旋转微调手轮，直到视见度又为零，记下镜的位置 d_2，即得 $\Delta d = |d_2 - d_1|$。

（6）重复步骤（5）两次，计算出 Δd 的平均值 $\overline{\Delta d}$。根据式（7.16-10）计算钠光 D 双线的波长差。

3. 观察等厚干涉条纹（选做）

（1）用氦-氖激光调出圆形干涉条纹。

（2）沿逆时针方向缓慢地旋转粗调手轮，使 M_1 和 M_2 之间的距离逐渐减小，这时可以看到条纹的缩进现象。当条纹变成等轴双曲线形状时，说明 M_1 与 M_2 已十分靠近（这时拖板上的标志线约指在主尺上 35 mm 处）。然后稍微旋转 M_2 的水平拉簧螺旋，使 M_2 与 M_1 成一很小的夹角，再沿同方向旋转微调手轮，使条纹逐渐变直，这表明中央条纹正在逐渐向视场中央移动（当条纹变直时，拖板上的标志线约指在主尺上 32 mm 处）。继续沿同方向旋转微调手轮，可以看到条纹会向反方向弯曲，这时将观察到如图 7.16-8 所示的干涉条纹。

六、测量记录和数据处理

（1）测定氦-氖激光的波长，将所测得的数据计入下表中。

$$\Delta n = 50$$

$$\lambda_0 = 632.8 \text{ nm}$$

实验次数	d_1/mm	d_2/mm	$\Delta d = |d_2 - d_1|$/mm	$\lambda = \dfrac{2\Delta d}{\Delta n}$/nm	$\Delta\lambda = |\lambda_i - \lambda_0|$/nm
1					
2					
3					
4					
5					

$$\overline{\lambda} = \underline{\hspace{3cm}} \text{nm}$$

$$\Delta\lambda = |\overline{\lambda} - \lambda_0| = \underline{\hspace{3cm}} \text{nm}$$

$$E = \frac{|\overline{\lambda} - \lambda_0|}{\lambda_0} \times 100\% = \underline{\hspace{3cm}} \%$$

（2）测定钠光 D 双线的波长差，将所测得的数据计入下表中。

$$\bar{\lambda} = 589.3 \text{ nm}$$

实验次数	d_1/mm	d_2/mm	$\Delta d = \|d_2 - d_1\|/\text{mm}$
1			
2			
3			

$$\Delta d = \underline{\hspace{3cm}} \text{mm}$$

$$\Delta \bar{\lambda} = \frac{(\bar{\lambda})^2}{2\Delta d} = \underline{\hspace{3cm}} \text{nm}$$

思 考 题

1. 简述迈克尔逊干涉仪的工作原理及调整和使用方法。
2. 如何利用圆形干涉条纹的涌出（或缩进）测定光波的波长？
3. 如何利用圆形干涉条纹视见度的变化测定钠光 D 双线的波长差？
4. 在观察等厚干涉条纹时，若改变 M_2' 与 M_1 交角的大小，条纹将如何变化？

实验 17 利用密立根油滴仪测定电子电荷

1897 年和 1898 年，爱尔兰物理学家道孙德(J. S. E. Townsend)和英国物理学家汤姆逊(J. J. Thomson)都尝试测量基本电荷，但由于测量方法上的缺陷，从而导致实验误差很大。美国物理学家密立根(Robert. A. Milikan)在 1909－1917 年期间进行了带电油滴电荷的测量，他用一个香水瓶的喷头向一个透明的小盒子里喷油滴，盒子的上部、下部分别与电池的正负极相连，通过改变电压观察每颗油滴的运动，经过反复实验精确地测得了电子电荷值 $e = (1.592 \pm 0.002) \times 10^{-19}$ C。密立根本人由于在电子电荷测定和利用光电效应测普朗克常数方面的卓越成就，因而获得了 1923 年的诺贝尔物理奖，他所进行的著名的油滴实验与伽利略自由落体实验等被 2002 年 9 月出版的《物理学世界》誉为"物理学史上十大漂亮物理实验"。20 世纪 60 年代末，美国科学家根据密立根油滴试验的设计思想，利用磁漂浮的方法测量分数电荷，引起了广泛关注。

随着实验技术的发展，电子电荷的测量值的精确度也不断提高，目前给出的最好测量结果为 $e = (1.6021892 \pm 0.0000046) \times 10^{-19}$ C。

一、实验目的

（1）通过实验理解电荷的量子性。
（2）掌握密立根油滴仪的基本结构和使用方法。
（3）利用密立根油滴仪测量电子电荷。

二、实验仪器

带有 CCD 成像系统的 OM99 型密立根油滴仪、载有数据处理系统软件的计算机

（可选）。

三、实验仪器简介

OM99 型 CCD 密立根油滴仪主要由油滴盒、CCD 电视显微镜、电路箱、监视器四部分组成，油滴盒是个重要部件，其基本结构如图 7.17 – 1 所示。

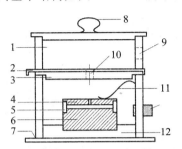

1—油雾杯；2—油雾孔开关；3—防风罩；4—电极；
5—油滴盒；6—下电极；7—座架；8—上盖板；
9—喷雾口；10—油雾孔；11—上电极压簧；12—油滴盒基座

图 7.17 – 1　OM99 型 CCD 密立根油滴仪基本结构图

油滴盒上下电极形状与一般油滴仪不同，直接采用精密加工的平板垫垫在胶木圆环上，这样，极板间的不平行度、极板间的间距误差都可以控制在 0.01 mm 以下。在上电极板中心有一个 0.4 mm 的油雾落入孔，在胶木圆环上开有显微镜观察孔和照明孔。在油滴盒外套有防风罩，罩上放置一个可取下的油雾杯，杯底中心有一个落油孔及一个挡片，用来开关落油孔。在上电极板上方有一个可以左右拨动的压簧，可保证压簧与电极始终接触良好。上下极板间有高压存在，操作时应注意安全。照明灯安装在照明座中间位置，油滴仪的照明光路与显微光路间的夹角为 150°～160°。OM99 型油滴仪采用了带聚光的半导体发光器件，使用寿命极长，为半永久性。

CCD 电视显微镜的光学系统是专门设计的，体积小巧，成像质量好。由于 CCD 摄像头与显微镜是整体设计的，无需另加连接圈就可方便地装上拆下，使用可靠、稳定，不易损坏 CCD 器件。

另一个重要部件电路箱的基本结构如图 7.17 – 2 所示。

电路箱体内装有高压产生、测量显示等电路。底部装有 5 只调平手轮，面板结构如图 7.17 – 2 所示。由测量显示电路产生的电子分划板刻度，与 CCD 摄像头的行扫描严格同步，相当于刻度线是做在 CCD 器件上的，所以，尽管监视器有大小，或监视器本身有非线性失真，但刻度值是不会变的。

OM99 油滴仪备有两种分划板，标准分划板是 8×3 结构，垂直线视场为 2 mm，分 8 格，每格值为 0.25 mm。为观察油滴的布朗运动，设计了另一种 X、Y 方向各为 15 小格的分划板，按住"计时/停"按钮大于 5 s 即可切换分划板。

在面板上有两只控制平行极板电压的三挡开关，S_1 控制上极板电压的极性，S_2 控制极板上电压的大小。当 S_2 处于中间位置即"平衡"挡时，可用电位器调节平衡电压。打向"提升"挡时，自动在平衡电压的基础上增加 200～300 V 的提升电压，打向"0 V"挡时，极板上电压为 0 V。

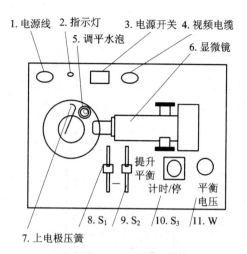

1. 电源线 2. 指示灯   3. 电源开关 4. 视频电缆
5. 调平水泡   6. 显微镜

提升
平衡

8. S₁ 9. S₂ 10. S₃ 11. W

7. 上电极压簧

图 7.17 - 2   OM99 型电路箱的基本结构图

为了提高测量精度，OM99 油滴仪将 S_2 的"平衡"、"0 V"挡与计时器的"计时/停"联动。在 S_2 由"平衡"打向"0 V"，油滴开始匀速下落的同时开始计时，油滴下落到预定距离时，迅速将 S_2 由"0 V"挡打向"平衡"挡，油滴停止下落的同时停止计时。这样，在屏幕上显示的是油滴实际的运动距离及对应的时间，提供了修正参数，这样可提高测距、测时精度。根据不同的教学要求，也可以不联动。

由于空气阻力的存在，油滴是先经一段变速运动后再进入匀速运动的。但这变速运动的时间非常短，小于 0.01 s，与计时器精度相当。所以可以看做当油滴自静止开始运动时，油滴是立即做匀速运动的；运动的油滴突然加上原平衡电压时，将立即静止下来。

OM99 油滴仪的计时器采用"计时/停"方式，即按一下开关，清零的同时立即开始计数，再按一下，停止计数，并保存数据。计时器的最小显示为 0.01 s，但内部计时精度为 1 μs，也就是说，清零时刻仅占用 1 μs。

四、实验原理

喷油器喷出的微小油滴与空气摩擦带电，设油滴带电量为 q，质量为 m，在平行极板未加电压时，油滴受重力作用而加速下降，由于空气阻力的作用，下降一段距离后，油滴将做匀速运动，速度为 v_g，空气浮力忽略不计，这时重力与阻力平衡，如图 7.17 - 3 所示。

f_r

mg

图 7.17 - 3   油滴受力图

根据斯托克斯定律，黏滞阻力为 $f_r = 6\pi a \eta v_g$，式中 η 是空气的黏滞系数，a 是下落油滴的半径，这时有

$$6\pi a \eta v_g = mg \qquad\qquad (7.17 - 1)$$

当在平行极板上加电压 U 时，油滴处的场强为 E 的静场中，设电场力 qE 与重力相反，使油滴受电场力加速上升，由于空气阻力作用，上升一段距离后，油滴所受的空气阻力、重力与电场力达到平衡，则油滴将匀速地上升，此时速度为 v_e，则有：

$$6\pi a\eta v_e = qE - mg \tag{7.17-2}$$

又因为

$$E = \frac{U}{d} \tag{7.17-3}$$

由上述三式可解出

$$q = mg\frac{d}{U}\left(\frac{v_g + v_e}{v_g}\right) \tag{7.17-4}$$

为测定油滴所带电荷 q，除应测出 U、d 和油滴速度 v_e、v_g 外，还需知油滴质量 m，由于空气中悬浮和表面张力作用，可将油滴看做圆球，其质量为

$$m = \frac{4}{3}\pi a^3\rho \tag{7.17-5}$$

式中，ρ 是油滴的密度。

由式(7.17-1)和式(7.17-5)得油滴的半径为

$$a = \left(\frac{9\eta v_g}{2\rho g}\right)^{\frac{1}{2}} \tag{7.17-6}$$

考虑到油滴非常小，空气已不能看成连续媒质，空气的黏滞系数 η 应修正为

$$\eta' = \frac{\eta}{1 + \dfrac{b}{pa}} \tag{7.17-7}$$

式中，b 为修正常数，p 为空气压强，a 为未经修正过的油滴半径，由于它在修正项中，不必计算得很精确，由式(7.17-6)计算就够了。

实验时取油滴匀速下降和匀速上升的距离相等，都设为 l，测出油滴匀速下降的时间 t_g，匀速上升的时间 t_e，则

$$v_g = \frac{l}{t_g} \qquad v_e = \frac{l}{t_e} \tag{7.17-8}$$

将式(7.17-5)、式(7.17-6)、式(7.17-7)、式(7.17-8)代入式(7.17-4)，可得

$$q = \frac{18\pi}{\sqrt{2\rho g}}\left[\frac{\eta l}{1 + \dfrac{b}{pa}}\right]^{\frac{3}{2}}\frac{d}{U}\left(\frac{1}{t_e} + \frac{1}{t_g}\right)\left(\frac{1}{t_g}\right)^{1/2} \tag{7.17-9}$$

此式是动态法测油滴电荷的公式。

下面导出平衡法测油滴电荷的公式。

调节平行极板间的电压，使油滴不动，$v_e = 0$，即 $t_e \to \infty$，由式(7.17-9)可得

$$q = \frac{18\pi}{\sqrt{2\rho g}}\left[\frac{\eta l}{t_g\left(1 + \dfrac{b}{pa}\right)}\right]^{3/2}\cdot\frac{d}{U} \tag{7.17-10}$$

上式即为平衡法测油滴电荷的公式。已知所加平衡电压 U、油滴下落高度 l 以及油滴下落高度 l 所用时间 t_g，即可求得油滴所带电量 q。与动态法比较，平衡法的操作和数据处理的计算量较小，因而通常推荐使用平衡法进行测量。

对实验测得的各个电荷量 q 求最大公约数，就是基本电荷 e 的电荷值，也就是电子电荷 e。亦可先利用标准电子电量来确定油滴所带基本电荷的个数 n，然后用 q 除以 n 来计算该次测量的电子电荷的实验值。

五、实验步骤

1. 仪器连接

将 OM99 面板上最左边带有 Q9 插头的电缆线接至监视器后部的视频输入接口，保证接触良好，否则图像紊乱或只有一些长条纹。

2. 仪器调整

调节仪器底座上的 5 只调平手轮，将水平泡调平。由于底座空间较小，调手轮时可将手心向上，用中指和无名指夹住手轮调节较为方便。

照明光路不需调整，只需将显微镜筒前端和底座前端对齐，喷油后再稍稍前后微调即可。在使用中，前后调焦范围不要过大，取前后调焦 1 mm 内的油滴较好。

3. 仪器使用

打开监视器和 OM99 油滴仪的电源，5 s 后自动进入测量状态，显示出标准分划板刻度线及 U（板间电压）值、t（下落时间）值。开机后如想直接进入测量状态，按一下"计时/停"按钮即可。如开机后屏幕上的字很乱或字重叠，先关掉油滴仪的电源，过一会再开机即可。

监视器下部有一小盒，压一下小盒盒盖就可打开，内有 4 个调节旋钮。对比度一般置于较大，亮度不要太亮。如发现刻度线上下抖动，这时"帧抖"，微调左边起第二只旋钮即可。

4. 测量练习

练习是顺利做好实验的重要一环，包括练习控制油滴运动，练习测量油滴运动时间和练习选择合适的油滴。

选择一颗合适的油滴十分重要。大而亮的油滴虽然质量大，但所带电荷可能也多，而匀速下降时间则很短，增大了测量误差，也给数据处理带来困难，通常选择平衡电压为 200～300 V，匀速下落 1.5 mm 的时间在 8～20 s 的油滴较适宜。喷油后，S_2 置"平衡"挡，调 W 使极板电压为 200～300 V，注意几颗缓慢运动、较为清晰明亮的油滴，改变上下极板极性，确定所选油滴是否带电。试将 S_2 置"0 V"挡，观察各油滴下落的大概速度，从中选一颗作为测量对象。过小的油滴观察困难，布朗运动明显，会引入较大的测量误差。

判断油滴是否平衡要有足够的耐性。用 S_2 将油滴移至某条刻度线上，仔细调节平衡电压，这样反复操作几次，经一段时间观察油滴确实不再移动才认为是平衡了。

测准油滴上升或下降某段距离所需的时间，一是要统一油滴到达刻度线什么位置才认为油滴已踏线，二是眼睛要平视刻度线，不要有夹角。反复练习几次，使测出的各次时间的离散性较小。

5. 正式测量

实验方法可选用平衡测量法、动态测量法。如采用平衡法测量，可将已调平衡的油滴用 S_2 控制移到"起跑"线上，将仪器设为"联动"状态，按下 S_3 键，让计时器停止计时，然后

将 S_2 键拨向"0 V"挡，油滴在匀速下降的同时，计时器开始计时，到"终点"时迅速将 S_2 拨向"平衡"，油滴静止，计时也随之立即停止。由此可测得油滴下落时间 t_g，而下落高度 l 可通过起末点之间的格数确定，将相关量带入平衡法测量公式计算。动态法则是分别测出加电压时油滴上升的速度和不加电压时油滴下落的速度，代入相应公式，求出 e 值。

油滴的运动距离一般取 $1\sim1.5$ mm。对某颗油滴重复 $5\sim10$ 次测量，求电子电荷的平均值 e。在每次测量时都要检查和调整平衡电压，以减小偶然误差和因油滴挥发而使平衡电压发生变化。

推荐使用平衡法测量，动态法可选做。有关实验操作中应该注意的问题请参考本实验附录中的"注意事项"。

六、测量记录和数据处理

数据处理有以下两种方法。

1. 利用电脑软件进行处理

在实验教师指导下利用配套处理软件进行数据处理，将实验中设定的参量和测量量输入计算机，可直接得到该次测量结果，因数据处理方便可任选动态法或平衡法进行测量。

2. 手动处理

由上述两种测量方法可以看出，数据处理的计算量较大，若采用手动处理数据，则最好采用平衡法测量，这样计算量相对小些。

平衡法依据的公式为

$$q = \frac{18\pi}{\sqrt{2\rho g}}\left[\frac{\eta l}{t_g\left(1+\dfrac{b}{pa}\right)}\right]^{3/2} \cdot \frac{d}{U}$$

动态法依据的公式为

$$q = \frac{18\pi}{\sqrt{2\rho g}}\left[\frac{\eta l}{1+\dfrac{b}{pa}}\right]^{3/2} \frac{d}{U}\left(\frac{1}{t_e}+\frac{1}{t_g}\right)\left(\frac{1}{t_g}\right)^{1/2}$$

其他常量值大致如下：

油的密度	$\rho = 981$ kg $\cdot$ m^{-3}（20℃）
重力加速度	$g = 9.80$ m $\cdot$ s^{-2}
空气黏滞系数	$\eta = 1.83\times10^{-5}$ kg $\cdot$ m^{-1} $\cdot$ s^{-1}
修正常数	$b = 6.17\times10^{-6}$ m $\cdot$ cmHg
大气压强	$p = 76.0$ cmHg
平行极板间距离	$d = 5.00\times10^{-3}$ m
电子电荷标准值	$e_0 = 1.60\times10^{-19}$ C

其中，油的密度随温度变化而变化，实际量值可参考本实验的附录，重力加速度可参考当地官方值，大气压以气压计实时、实地测量为准。

为数据处理方便，取以上所列常量值，分别选取两个常用测量高度对平衡法和动态法电荷计算公式进行简化，简化公式如下：

（1）平衡法。

当 $l=1.0\times10^{-3}$ m＝1.0 mm（下落 4 格）时，

$$q=\frac{5.050\times10^{-15}}{\left[t_g(1+0.0277\sqrt{t_g})\right]^{\frac{3}{2}}}\cdot\frac{1}{U}$$

当 $l=1.5\times10^{-3}$ m＝1.5 mm（下落 6 格）时，

$$q=\frac{9.278\times10^{-15}}{\left[t_g(1+0.0226\sqrt{t_g})\right]^{\frac{3}{2}}}\cdot\frac{1}{U}$$

（2）动态法。

当 $l=1.0\times10^{-3}$ m＝1.0 mm（下落 4 格）时，

$$q=\frac{5.050\times10^{-15}}{(1+0.0277\sqrt{t_g})^{\frac{3}{2}}}\cdot\frac{1}{U}\left(\frac{1}{t_e}+\frac{1}{t_g}\right)\left(\frac{1}{t_g}\right)^{1/2}$$

当 $l=1.5\times10^{-3}$ m＝1.5 mm（下落 6 格）时，

$$q=\frac{9.278\times10^{-15}}{(1+0.0226\sqrt{t_g})^{\frac{3}{2}}}\cdot\frac{1}{U}\left(\frac{1}{t_e}+\frac{1}{t_g}\right)\left(\frac{1}{t_g}\right)^{1/2}$$

当然，为了测量结果更精确，油的密度、重力加速度、大气压等应取实时、实地精确值，在没有计算机等辅助处理工具，并且实际测量环境参量值与假设值相差很小的情况下，可考虑避开繁琐的整理过程，用简化公式直接计算。下面将所测得的数据计入表 7.17－1 中。

表 7.17－1　数据测量表格

实验次数	U/V	t_g/s	t_e/s （动态法用）	$q/\times10^{-19}$ C	n	$e/\times10^{-19}$ C
1						
2						
3						
4						
5						
6						
7						
8						
9						
10						

$$\bar{e} = \underline{\hspace{3cm}} C$$

$$\Delta e = |\bar{e} - e_0| = \underline{\hspace{2.5cm}} C$$

$$E = \frac{|\bar{e} - e_0|}{e_0} \times 100\% = \underline{\hspace{2.5cm}}$$

思 考 题

1. 对本实验结果造成影响的主要因素有哪些？

2. 如何判断油滴盒内平行极板是否水平？平行极板不水平对实验结果有何影响？

3. 油滴发生漂移的原因是什么？

4. 喷入油滴盒的油滴是否都带电？

附录

1. 油的密度随温度变化表

OM99 CCD 微机密立根油滴选用上海产中华牌 701 型钟表油，其密度随温度的变化如表 7.17 – 2 所示。

表 7.17 – 2　油密度随温度变化表

$T/℃$	0	10	20	30	40
$\rho/\text{kg} \cdot \text{m}^{-3}$	991	986	981	976	971

2. 注意事项

（1）因两极板间有高压，如需打开仪器检查，或进行清理油雾孔等维修操作，务必断开电源再进行！

（2）为保证压簧与极板始终接触良好，只有将压簧拨向最靠边位置方可取出上极板！

（3）喷油时喷雾器的喷头不要深入喷油孔内，防止大颗粒油滴堵塞落油孔或产生的油滴普遍过大，不利于实验进行。

（4）每次测量只需喷油 2～3 下即可，过多喷油会造成落油孔堵塞，无法进行实验。

（5）喷雾器的气囊不耐油，实验后，将气囊与金属件分离保管较好，可延长使用寿命。

（6）对 CCD 镜头调焦时，调焦范围不易过大。

（7）每次实验完毕应及时揩擦上极板及油雾室内的积油，由实验管理人员或任课教师操作，学生不得私自打开油滴盒。

3. OMWIN Ver1.4 使用说明

（1）简介。本软件是由南京浪博科教仪器研究所专为 OM98/99 CCD 微机密立根油滴仪配套提供的数据处理软件，可完成密立根油滴仪实验中数据的录入、处理，实验报告的生成、打印和管理。

（2）操作说明：

① 选取"文件"中的"新报告"菜单命令，在弹出的对话框中输入学生姓名与学号，此时，将开始此学生的数据处理，而前一个学生的数据处理工作结束，与之相关的一切数据被全部清除。

② 选取"实验"中的"实验参数设置"菜单命令，根据具体情况设定各参数，按"确定"后设置情况将被保存到 PRESET.INI 中。

③ 选取"实验"中的"第一个油滴数据"菜单命令，在表格中输入电压值和时间值数据，当然，并不是一定要录入 10 次测量的数据，按"计算"按钮，表格中其他空格的值将被计算并显示，按"确定"键，第一个油滴的数据处理完毕。

④ 依次处理其他各粒油滴，同样，不需严格依 1，2，3，…的顺序进行，每粒油滴的各次平均值将显示在主窗口内。

⑤ 选取"实验"中的"数据处理 & 生成报告"菜单命令，自动计算本次实验的最终结果，并显示在主窗口内，同时，实验报告也自动生成。实验报告包含了学生姓名与学号、日期、各项数据及结果。

⑥ 用"文件"中的"打印"命令打印实验报告，而且报告每页的行数可以在"页面设置"中调整；用"打印预览"或再打开油滴数据表格观察报告，也可用"保存"将报告存盘。保存时，以学号.RST 作为默认文件名，如果重复，将会弹出一个对话框要求指定文件名。如果学生没有输入学生姓名与学号，将以 NONAME.RST 保存，并且，它是会被下一个 NONAME.RST 覆盖的。

⑦ 指导教师如欲批改学生的实验报告，可以选取"文件"中的"调入报告"菜单命令，如果报告在一页里显示不下，可以用"文件"中的"上一页"或"下一页"（或用 PageUp 及 PageDown）翻动。另外，*.rst 文件是文本格式的，因此还可以用写字板、记事本等工具打开。

（3）本软件在 800 * 600 以及小字体显示模式下有最佳运行效果；如果字体大小或分辨率不佳，请调整 Windows 中的字体大小和分辨率设置。

实验 18　夫兰克-赫兹实验

夫兰克-赫兹实验是用"慢"电子与氩原子碰撞的方法，使原子从低能级激发到高能级，并通过电子和原子碰撞时交换出某一定值的能量，测量氩原子的激发电位，观察其特殊的伏安特性现象，研究原子能级的量子特性，直接证明了玻尔的量子理论。

一、实验目的

（1）了解原子能级的概念。
（2）了解夫兰克-赫兹实验仪的工作原理。
（3）掌握用夫兰克-赫兹实验仪测定氩原子的第一激发电位。

二、实验仪器

LB-FH 型夫兰克-赫兹实验仪。

三、实验原理

本仪器采用 1 只充氩气的四极管，其工作原理图如图 7.18-1 所示。

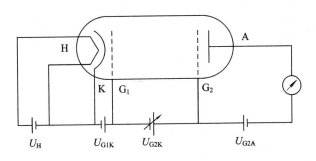

图 7.18-1　夫兰克-赫兹实验原理图

当灯丝(H)点燃后，阴极(K)被加热，阴极上的氧化层即有电子逸出(发射电子)，为消除空间电荷对阴极散射电子的影响，要在第一栅极(G_1)、阴极之间加上一电压 U_{G1K}(1 栅、阴电压)。如果此时在第二栅极(G_2)、阴极间也加上一电压 U_{G2K}(2 栅、阴电压)，发射的电子在电场的作用下将被加速而取得越来越大的能量。

起始阶段，由于电压较低，电子的能量较小，即使在运动过程中氩原子与电子相碰撞(为弹性碰撞)也只有微小的能量交换。这样，穿过 2 栅的电子到达阳极(A)(也惯称板极)所形成的电流(I_A)板流(习惯叫法，即阳极电流)将随 2 栅的电压 U_{G2K} 的增加而增大，当 U_{G2K} 达到氩原子的第一激发电位(11.8 V)时，电子在 2 栅附近与氩原子相碰撞(此时产生非弹性碰撞)，电子把在加速电场获得的全部能量传递给了氩原子，使氩原子从基态激发到第一激发态，而电子本身由于把全部能量传递给了氩原子，它即使穿过 2 栅极，也不能克服反向拒斥电场而被折回 2 栅极。所以板极电流 I_A 将显著减小，以后随着 2 栅电压 U_{G2K} 的增加，电子的能量也随着增加，与氩原子相碰撞后还留下足够的能量，这又可以克服拒斥电场的作用力而到达阳极，这时 I_A 又开始上升，直到 U_{G2K} 是 2 倍氩原子的第一激发电位时，电子在 G_2 和 K 之间又会因为第 2 次非弹性碰撞而失去能量，因而又造成第 2 次 I_A 的下降，这种能量转移随着 U_{G2K} 的增加而 I_A 周期性变化。若以 U_{G2K} 为横坐标，以 I_A 为纵坐标，就可以得到一谱峰曲线，谱峰曲线两相邻峰尖(或谷点)间的 U_{G2K} 电压差值，即为氩原子的第一激发电位值，如图 7.18-2 所示。

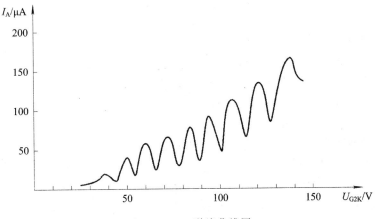

图 7.18-2　谱峰曲线图

这个实验说明了夫兰克-赫兹管内的缓慢电子与氩原子相碰撞，使原子从低能级激发到高能级，并通过测量氩原子的激发电位值，说明了玻尔原子能级的存在。

四、实验步骤

有两种观测方法可供实验选择：手动测量、示波器观测，下面分别叙述。叙述中请参看图 7.18 - 3 中显示的仪器面板介绍。

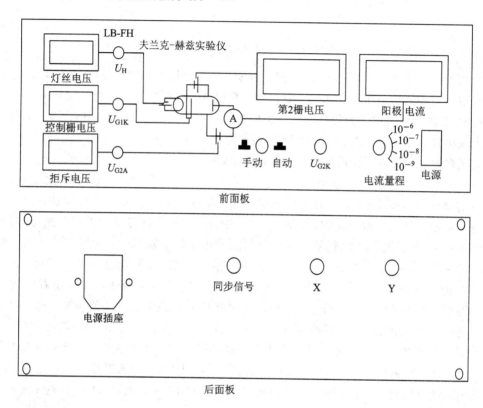

图 7.18 - 3　面板图

1. 手动测量

（1）插上电源，拨动电源开关。

（2）将手动－自动挡切换开关拨到"手动"，微电流倍增开关置于 10^{-9} 挡。

（3）灯丝电压 U_H、控制栅电压 U_{G1K}（阴极到第 1 栅极电压 U_{G1K}）、阳极电压 U_{G2A}（阳极到第 2 栅极电压 U_{G2A}）各表头的调节请按照仪器机箱上所贴的"出厂检验参考参数"$\pm10\%$ 左右调节。

（4）仪器预热 10 min，此过程中可能各参数会有小的波动，请微调各旋钮到初设值。

（5）旋转 U_{G2K} 调节旋钮，测定 I_A-U_{G2K} 曲线，使栅极电压逐渐增加，步长为 1 V 或者 0.5 V，逐点测试对应不同电压的电流，记录相应的电压、电流值，并随着 U_{G2K}（加速电压）的增加，阳极电流表的值出现周期性峰值和谷值。这时要特别注意电流峰值（和谷值）所对应的电压，在峰值和谷值前后应多测量几点。以输出阳极电流为纵坐标，第 2 栅电压为横坐标，做出谱峰曲线。

（6）实验完毕后，请勿长时间将 U_{G2K} 置于最大值，应将其按逆时针方向旋转至某一小值。

（7）根据所取数据点，列表作图，并读取相邻电流峰值对应的电压，计算出氩原子第一激发电位的平均值。

2. 示波器测量

（1）插上电源，拨动电源开关。

（2）将手动－自动挡切换开关置于"自动"。

（3）先将灯丝电压 U_H、控制栅电压 U_{G1K}（阴极到第 1 栅极电压 U_{G1K}）、拒斥电压 U_{G2A}（阳极到第 2 栅极电压 U_{G2A}）缓慢地调节到仪器机箱上所贴的"出厂检验参考参数"。预热 10 min，此过程中可能各参数会有小的波动，请微调各旋钮到初设值。

（4）将仪器上"同步信号"与示波器的"同步信号"相连，"Y"与示波器的"Y"通道相连。"Y 增益"一般置于 0.1 V 挡；"时基"一般置于 1 ms 挡，此时示波器上显示出夫兰克-赫兹曲线。

（5）调节"时基微调"旋钮，使一个扫描周期正好布满示波器的 10 格。本仪器扫描电压最大为 120 V，量出两相邻峰或两相邻谷的距离（读出格数），多测几组算出平均值乘以 12 V 每格，即为氩气原子的第一激发电位的值。

（6）将示波器切换到 X－Y 显示方式，并将仪器的"X"与示波器的"X"通道相连，仪器的"Y"与示波器的"Y"通道相连，调节"X"通道增益，使整个波形在 X 方向上满 10 格，即每格代表 12 V，量出两相邻峰或两相邻谷的距离（读出格数），多测几组算出平均值乘以 12 V 每格，即为氩气原子的第一激发电位的值。

（7）本仪器上所贴"出厂检验参考数据"仅作参考，如波形不好看，请微调各电压旋钮。如需改变灯丝电压，改变后请等波形稳定后再测量。

五、测量记录和数据处理

1. 手动测量处理

将所测得的数据记录于下表中：

N	1	2	3	4	5	6	7	8	9	10	11	12	13
U_{G2K}													
I_A													
N	14	15	16	17	18	19	20	21	22	23	24	25	26
U_{G2K}													
I_A													
N	27	28	29	30	31	32	33	34	35	36	37	38	39
U_{G2K}													
I_A													

根据上表作出 $U_{G2K}-I_A$ 曲线，找出峰值和谷值填入下表：

序号	1		2		3		4		5		6	
被测量	峰值	谷值	峰值	谷值	峰值	谷值	峰值	谷值	峰值	谷值	峰值	谷值
I_A/nA												
U_{G2K}/V												

利用逐差法计算气体原子第一激发电势：

$$\overline{U}_0 = \frac{1}{9}(U_4 - U_1 + U_5 - U_2 + U_6 - U_3) = \underline{\hspace{2cm}}(\text{V})$$

$$\sigma\overline{U}_0 = \sqrt{\frac{\sum_{i=1}^{n}(x_1 - \overline{x})^2}{n(n-1)}} = \underline{\hspace{2cm}}(\text{V})$$

$$x_i = U_{i+1} - U_i; \qquad \overline{x} = \overline{U}_0$$

标准形式：$U_0 = \overline{U}_0 \pm \sigma\overline{U}_0(\text{V})$。

气体原子第一激发电势：_____。

2. 示波器测量数据处理

将气体原子第一激发电势测量结果填入下表：

序号	1		2		3		4		5		6	
被测量	峰值	谷值	峰值	谷值	峰值	谷值	峰值	谷值	峰值	谷值	峰值	谷值
格数												
U_{G2K}/V												

峰值电压的平均间距：$U_{0峰} = \frac{1}{9}(U_{4峰} - U_{1峰} + U_{5峰} - U_{2峰} + U_{6峰} - U_{3峰}) = \underline{\hspace{1.5cm}}(\text{V})$

谷值电压的平均间距：$U_{0谷} = \frac{1}{9}(U_{4谷} - U_{1谷} + U_{5谷} - U_{2谷} + U_{6谷} - U_{3谷}) = \underline{\hspace{1.5cm}}(\text{V})$

测量结果：气体原子的第一激发电势 $U_0 = \frac{(U_{0峰} + U_{0谷})}{2} = \underline{\hspace{1.5cm}}(\text{V})$

思 考 题

1. 为了使原子从低能级向高能级跃迁，可以采用什么办法来实现？
2. 氩原子的第一激发电位是多少？
3. 如何用夫兰克-赫兹实验仪测定氩原子的第一激发电位？

附录

1. 灯丝电压 U_H 对波形曲线的影响

灯丝温度对阴极的发射系数有很大影响，阴极发射出的电子速度分布和阴极温度有关。如图 7.18-4 所示，当灯丝电压很小时，单位时间内阴极发射出的电子数很少，此时阳极电流很小，看不到阳极电流的大小起伏变化，所以波形曲线上我们看不出波峰和波谷。

随着灯丝电压增大，阳极电流增大，且基本上呈指数上升，类似于二极管中热电子发射的理查逊定律，波形曲线的起伏很大，阳极电流的波峰和波谷越来越明显，但对相邻峰、谷位差没有影响。如果灯丝电压太大，则本底电流上升，也容易使阴极受热升温，使阴极发射物质因蒸发太快而剥落，管子易于老化，影响其使用寿命；并且如果灯丝电压太大，手动测量时，电流容易溢出测量范围，所以灯丝电压不宜选择得过大。

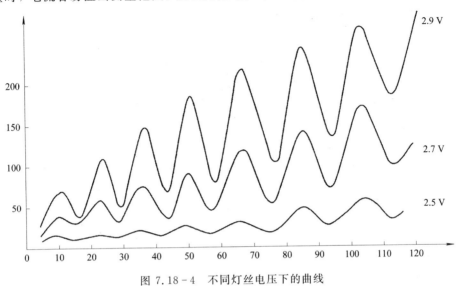

图 7.18 - 4　不同灯丝电压下的曲线

2. 控制栅极电压 U_{G1K} 对波形曲线的影响

由于电子的功能大部分用来克服逸出功，剩余的动能很小，也就是说电子的初速度很小，堆积在阴极附近，形成空间电荷层，其电势低于灯丝电势，称为空间电荷效应，该空间电场会把带负电的电子拉回去，抑制电子发射。在第 1 栅极上加上小的正向电压，可以用来驱散阴极电子发射的影响，提高发射效率。如图 7.18 - 5 所示当控制栅极电压很小时，

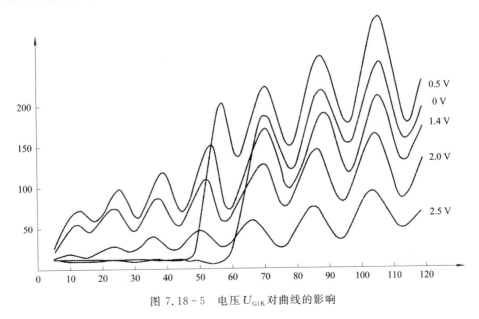

图 7.18 - 5　电压 U_{G1K} 对曲线的影响

空间电荷效应明显，发射电子数量较少，因此阳极电流很小，波峰和波谷的差距很小，随着控制栅电压的增大，阳极电流总体上升，且峰谷明显。但当电子的发射达到饱和时，空间电荷对电子的发射限制作用消失，此时如果继续增大控制栅极电压，阳极电流反而减小，并且峰谷间的差距也逐渐减小，所以存在最佳的控制栅极电压。控制栅极电压的大小对于相邻波峰的差值没有影响。

3. 拒斥电压 U_{G2A} 对波形曲线的影响

拒斥电压使第 2 栅极处的能量较低的电子不能到达极板，拒斥电压越大，能够到达阳极的电子数越少，阳极电流越小。拒斥电压很小时，波峰与波谷的差距不明显，但随着拒斥电压的增大，波峰与波谷的差距明显，同时阳极电流整体下降。当拒斥电压到一定值时，由于阳极电流的整体下降，导致波峰与波谷的差距变小。如果继续增大拒斥电压，阳极电流可能出现负值，这是因为电子与氩原子发生多次弹性碰撞后，所剩能量很小，不能克服拒斥电压到达阳极并形成电流。随着拒斥电压的增大，峰值位置增大，但是峰与峰之间的距离没有发生变化。手动测量时，如果电流溢出不是很大，适当增加拒斥电压，则可以降低电流值，如果电流出现负值，则是由于拒斥电压太大的原因造成的，应适当予以降低。

第八章　设 计 性 实 验

实验19　用激光显示李萨如图形

一、实验目的、意义和要求

　　在自然界中，机械振动现象普遍存在，例如心脏的跳动、电动机开动时引起的颤动、敲钟时引起钟的振动、地震时大地的震动等。在直线周期性振动中，最基本的是简谐振动。当两个方向相互垂直、频率成整数比的简谐振动叠加时，就会形成李萨如图形，但一般振动的幅度都很小，合成的李萨如图形很难被观察到。利用光杠杆的原理可将激光光源发出的微小的光振动放大，在远处屏上进行观察。

　　本实验要求用激光器、电磁打点计时器等器件设计一个实验装置，使光点照射在大屏幕上显示李萨如图形，并对简谐振动、受迫振动、共振以及二维同频振动合成等有较为深入的了解。

二、参考书籍与材料

　　(1) 赵凯华，罗蔚茵. 新概念力学. 北京：高等教育出版社，1995.

　　(2) 郑永令，贾起民. 力学(下册). 上海：复旦大学出版社，1990.

　　(3) JL0203型电磁打点计时器使用说明书，2001.

　　(4) 童培雄，赵在忠. 受迫振动演示实验. 物理实验：2002.22(增刊)：48.

　　(5) 上海大学核力电子设备厂. 激光李萨如图形演示仪产品说明书，2003.

　　(6) 童培雄，赵在忠，刘贵兴. 用激光显示李萨如图形. 物理实验：2003,23(8)：38 - 39.

三、实验前应回答的问题

1. 关于振动

　　(1) 什么是机械振动？什么是简谐振动？

　　(2) 什么是振动物体的频率、周期、振幅和相位？

　　(3) 什么是物体固有频率？如何测量固有振动频率？

　　(4) 什么是阻尼振动？什么是受迫振动？什么是共振？

　　(5) 两个振动如何用振幅矢量法进行合成？同方向同频率的两个简谐振动的合成结果

是什么？同方向不同频率的两个简谐振动的合成结果是什么？方向相互垂直、频率成整数比的两个简谐振动的合成结果是什么？

2. 关于光杠杆

（1）什么是光杠杆？光杠杆如何使微小振动放大？

（2）激光有什么特点？本实验为什么要用激光做光杠杆的光源？

3. 关于电磁打点计时器

（1）电磁打点计时器的结构是什么？

（2）在电磁打点计时器中，电压信号是如何使振动片振动的？

（3）振动片的振动频率是否与加在电磁打点计时器上的电压信号频率相同？

（4）电磁打点计时器的振动片的振动是简谐振动吗？

4. 关于实验装置的设计

（1）如何设计实验装置？请画出实验草图。

（2）振动片的长短对实验有何影响？

（3）电压信号的频率为什么要等于电磁打点计时器振动片的固有频率？

（4）激光照射在反射镜上对入射角有什么要求？

（5）实验装置对反射镜大小有什么要求？

（6）如何保证两个振动方向垂直？

四、实验室可提供的主要器材

电磁打点计时器 2 个、氦氖激光器或半导体激光器 1 台（注意激光不要直射眼睛）、固定架 2 个、低频功率信号发生器 2 台、观察屏 1 个（也可用墙壁）、小反射镜片等。

五、实验内容

（1）取两个电磁打点计时器，去掉打点针与塑料罩，在振动片的振动端贴上反射镜。

（2）测定两个打点计时器振动片的固有振动频率（基频）。如果两个打点计时器的固有振动频率不等，可改变振动片的长短或加上配重，使其振动频率相同。

（3）将两个打点计时器相互垂直放置，使激光照射在第一个打点计时器振动片的反射镜上后，经反射照射在第二个打点计时器振动片的反射镜上，反射后再投射在远处屏上。

（4）把两台低频信号发生器的输出端分别与两个打点计时器相连接。开启发生器使振动条振动，发生器的输出频率分别与振动片的固有频率相同，观察远处屏上的图形。以上实验也可以使用一台低频信号发生器，思考应该如何连接？

（5）把两台低频信号发生器的输出端分别与两个打点计时器相连接，改变两个打点计时器振动片的固有振动，使其频率比分别为 1∶2、1∶3、2∶3。两台低频信号发生器的输出频率分别与两个振动片的固有频率相同，观察屏上图形的变化。

六、实验报告的要求

（1）阐明本实验的目的和意义。

（2）简要介绍本实验涉及的基本原理。

（3）写清楚本实验的设计思路、设计过程和实验结果。

（4）简要介绍电磁打点计时器，包括它的原理、功能、特性。

（5）记录制作过程中遇到的问题及解决的办法，特别是实验者有创新和有体会的内容。

（6）写出仪器制作的效果与自评。

（7）谈谈做本实验的收获、体会和改进意见。

实验 20　电磁感应与磁悬浮力

一、实验目的、意义和要求

电磁学之所以迅速发展为物理学中的一个重要学科，在于它的强大生命力，在于它在经济生活中有丰富的回报率。电磁感应原理在传统的电机工程、变压器效应、无线通信等领域中独领风骚，在现代医学、现代交通、信息产业等领域中也有许多应用。

本实验就是要研究电磁感应现象和磁力对各种材料的影响，探讨其在现实生活中的应用和发展。

二、参考书籍与材料

（1）贾起民，郑永令，陈耀. 电磁学. 北京：北京教育出版社，2001.

（2）沈元华，陆申龙. 基础物理实验. 北京：高等教育出版社，2003.

（3）上海大学电子设备厂. 电磁感应实验仪说明书，2001.

三、实验前应回答的问题

（1）什么是电磁感应？电磁感应产生的电流、电动势和电磁场如何定义？

（2）楞次定律说明了什么？此实验中电能可能转化为何种能量？

（3）什么叫磁力？它和安培定律有什么关系？

（4）磁场强度及其它与电流的关系是什么？

（5）变压器和电磁感应有什么联系？其原理是什么？

（6）什么叫电阻率？它在电磁感应中起了什么作用？

（7）什么叫电磁铁？什么叫磁化？它们都有什么作用？

（8）什么叫涡流？什么叫感应电场？

四、实验室可提供的主要器材

（1）上海大学电子设备厂生产的电磁感应实验仪 1 台，主要器件有线圈和软铁棒，如图 8.20 - 1 所示。

（2）MSU - 1 电磁感应实验仪电源 1 台，面板接线如图 8.20 - 2 所示。

（3）小铝环 2 只（其中 1 只有切割的缝隙），等厚但外径较小的小铝环 1 只。

（4）小铜环 2 只（其中 1 只为黄铜环，另 1 只为纯铜环），小软铁环 1 只，小铜环 1 只。

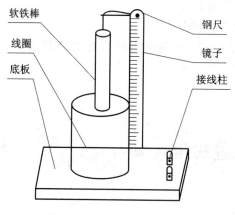

图 8.20－1　电磁感应实验仪

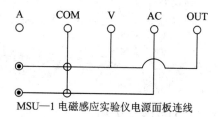

MSU—1 电磁感应实验仪电源面板连线

图 8.20－2　电磁感应电源面板接线

（5）塑料环 1 只，游标卡尺 1 把，电子天平 1 台。

（6）由铜线绕制的线圈环 1 只，并在线圈环上接有小电珠。

五、实验内容

（1）将小铝环套在 MSU—1 电磁感应实验仪的软铁棒上，接好连接线。将 MSU—1 电磁感应实验仪电源调到零电压的输出位置，将交流挡开关合上，逐渐增大调压变压器的输出电压，小铝环将逐渐上升并悬浮在软铁棒上，用同体积的黄铜环和纯铜环做上述实验，会发现在外界条件（如电压）相同的情况下，这 3 个环在软铁棒上所处的高度却不一样。

（2）用电子天平称出上述 3 个小环的重量，用游标卡尺测量它们的体积，找出它们上升高度不同的原因。

（3）用小的软铁环套在 MSU—1 电磁感应实验仪的软铁棒上，重复实验内容（1）的操作，会发现小的软铁环几乎是粘在软铁棒上的，用手将其套在软铁棒的任意高度处，都会被软铁棒吸住，这是为什么？

（4）用塑料环和有缝隙的小铝环做上述实验，会发现什么现象？有缝隙的小铝环焊上 1 根铜线会有什么变化？

（5）用等厚但外径不同的小铝环做上述实验，和实验内容（1）中的小铝环相比，会发现什么现象？如何解释？

（6）实验内容（1）的实验过程中，MSU—1 电磁感应实验仪的软铁棒和套入的金属小环为什么会发热？

（7）实验时用铜线绕成的线圈环套入软铁棒，线圈环中的小电珠为什么会发亮？其亮度为什么会随线圈环离软铁棒的距离呈递减趋势？

（8）取小钢环套入软铁棒，其圆心和软铁棒的中心处于偏心状态，打开 MSU—1 电磁感应实验仪的开关，会发现小钢环发生振动，偏心量逐渐扩大，直到钢环的环壁碰到软铁棒为止。解释这种现象。

六、实验报告要求

（1）阐明本实验的目的和意义。

（2）阐述实验的基本原理、设计思路和研究过程。

（3）记下所用的仪器、材料的规格或型号数量等。

（4）记录实验的全过程，包括实验步骤、各种实验现象和数据。

（5）分析实验结果，讨论实验中出现的各种问题以及在现实生活中的应用。

（6）得出实验结果并提出改进意见。

实验 21　奇妙的红汞水——散射光研究

一、实验的目的、意义和要求

光的散射十分常见，但其原理却很复杂。世界上一切物体都会散射光，包括空气在内，天空的蓝色和朝阳的红色正是空气分子散射所形成的。本实验要求学生在了解光散射原理的基础上，对红汞水的奇妙散射现象进行分析与研究，从而加深对光的分子散射与波长关系的了解，提高在实践中发现问题、分析问题和研究问题的能力。

二、参考书籍与材料

（1）章志鸣，等. 光学. 2 版. 北京：高等教育出版社，2000.

（2）[法]Francon，等. 物理光学实验. 清华大学光学仪器教研组，译. 北京：机械工业出版社，1979.

三、实验前应回答的问题

（1）什么是光的散射现象？什么是"表面散射"？什么是"体内散射"？它与光的反射、折射、衍射有什么区别？你能举出日常生活中所见的各类散射现象吗？

（2）什么是"弹性散射"？什么是"非弹性散射"？它们的主要区别是什么？它们的散射光波长与入射光波长的关系怎样？

（3）什么是"瑞利散射"？什么是"廷德尔散射"？它们同属于哪一类散射？它们的主要区别是什么？它们的散射光强度与入射光波长的关系怎样？

（4）你能用光的散射原理解释蓝天、白云和红太阳的颜色吗？

（5）光的散射有什么应用？请举例说明。

（6）什么是红汞水溶液？它有什么光学特点？

四、实验室可提供的主要器材

（1）红汞水 1 瓶。

（2）大烧杯 1 只，滴管 1 支。

（3）实验室常用光源。

（4）黑纸 1 卷，剪刀 1 把。

（5）普通投影仪 1 台。

（6）其他实验室常用元器件。

五、实验内容

（1）把少许几滴红汞水慢慢滴入一大烧杯的水中，仔细观察红汞水液滴溶于水时颜色是如何变化的。分析并解释这种变化的原因。

（2）将上述滴有红汞的水搅拌后，把盛该溶液的烧杯放在眼前，对着灯光或阳光观察，看到的溶液是什么颜色？把烧杯周围用黑纸包裹起来，只露出一条 3～5 mm 的缝（或小孔），从缝（或孔）向内看，该溶液是什么颜色？两次看到的颜色相同吗？为什么？试验不同浓度的红汞水，找出颜色变化最为明显的红汞水浓度。

（3）根据上述观察到的现象，设计一个小魔术，令观众感到烧杯中的水因为你的"魔法"而突然改变颜色。

（4）设计一个演示实验，让一个大教室的学生清楚并能同时看到红色和绿色的红汞水。

（5）寻找你可能用来做实验的各种常见液体，通过实验看看它们有没有与红汞水类似的光学性质，得出你的结论。

（6）当硫酸（H_2SO_4）慢慢加进硫代硫酸钠（$Na_2S_2O_3$）时，会逐步形成硫的沉淀，这种颗粒开始形成时很小，以后逐渐变大。设计一个实验，观察和研究白光在这种溶液中的散射光和透射光颜色的变化情况，解释你所看到的现象，得出你的结论。

注意：硫酸有很强的腐蚀性，遇水可能引起爆炸，本实验应在教师同意并直接指导下进行，以免发生意外！

六、实验报告的要求

（1）阐明实验的目的和意义。

（2）详细记录实验过程。

（3）记下实验中发现的问题及其解决方法。

（4）对实验结果作简要描述。

（5）记录你所设计的魔术表演方法及在同学中表演的实际效果。

（6）记录你所设计的演示实验及在同学中演示的实际效果。

（7）谈谈做本实验的收获、体会和改进意见。

实验 22　霍尔传感器与杨氏模量的测量

一、实验目的、意义和要求

杨氏模量的测定是材料力学的一个重要课题。任何固体受荷载所产生的应力、应变和变形都和杨氏模量有关。利用霍尔传感器测量位移时，惯性小、频率响应高、工作可靠、使用寿命长等优点对材料进行杨氏模量的弯曲法测量。

本实验的内容有：（1）弯曲法测金属黄铜的杨氏模量。（2）在测黄铜杨氏模量的同时对霍尔传感器定标。（3）改变材料的外形参数测杨氏模量。通过实验可加深对霍尔传感器原理及应用的理解，学习新型传感器的定标，了解杨氏模量等材料的各种参数。

二、参考书籍与材料

(1) 林抒，龚镇雄. 普通物理实验. 北京：人民教育出版社，1982.

(2) 游海洋，赵在忠，陆申龙. 霍尔位置传感器测量固体材料的杨氏模量. 物理实验：2000，20(8)：47 - 48.

三、实验前应回答的问题

1. 关于杨氏模量

(1) 什么是杨氏模量？什么是胡克定律？在横梁弯曲的情况下，杨氏模量与材料的哪些因素有关？

(2) 什么是应力和应变？请举例说明。

(3) 什么叫弹性和弹性限度？

(4) 什么叫逐差法？杨氏模量计算中为什么要用此法？

2. 关于霍尔传感器

(1) 什么是霍尔效应？什么材料的霍尔效应最显著？霍尔效应有什么应用？

(2) 霍尔元件的主要参数有哪些？使用时要注意哪些事项？

(3) 霍尔传感器有哪些种类？本实验使用的霍尔传感器有哪些优点？

四、实验室可提供的主要器材

(1) 由复旦天欣科教仪器有限公司提供的 FDHY－1 霍尔位置传感器测杨氏模量实验仪 1 台，其结构如图 8.22 - 1 所示(包括读数显微镜、95A 型集成霍尔传感器等)。

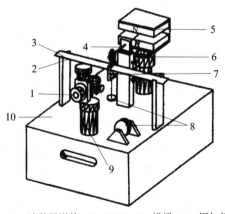

1—读数显微镜；2—刀口；3—横梁；4—铜杠杆；
5—磁铁；6—三维调节台；7—铜刀口上的基线；
8—砝码；9—读数显微镜支架；10—铁箱平台

图 8.22 - 1 杨氏模量测量仪

(2) 霍尔传感器输出电压测量仪 1 台(包括直流数字电压表、直流电源等)。

杨氏模量测量仪和电压测量仪的连接，如图 8.22 - 2 所示。

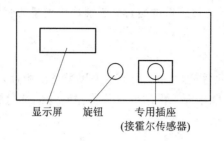

显示屏　　旋钮　　专用插座

(接霍尔传感器)

图 8.22 - 2　电压测量仪

五、实验内容

（1）根据图 8.22 - 1 所示，定义 d 为两刀口之间的距离；a 为梁的厚度，b 为梁的宽度；m 为加挂砝码的质量；ΔZ 为梁中位置由于外力作用而下降的距离；g 为重力加速度。请自行推导杨氏模量表达式：$E = \dfrac{d^2 mg}{4a^3 b \Delta Z}$。

（2）霍尔位置传感器正常工作状态的调节。

① 用探头接通电源使其远离磁铁即远离磁场，此时电压测量仪显示为 $U = 0.000$ V。

② 调节三维调节架左右前后位置的调节螺丝，使两磁铁水平，此时将电压测量仪调至 $U = 2.500$ V（目的量程取中间值），使其作为调节负载零点。

③ 将探头插入磁铁，可通过三维调节架的调节使探头位于磁场中心，此时电压测量仪再次出现 $U = 2.500$ V。

（3）霍尔位置传感器的特性测量。

① 调节读数显微镜，使其聚焦在铜刀口朝上的"刻度线"上。

② 从读数显微镜上确定起始点，然后加砝码 m，从读数显微镜读出相应的梁弯曲位移（下垂线）ΔZ，同时读出电压测量仪的读数值 U，即对霍尔位置传感器进行定标，完成表 8.22 - 1 所示的数据表。

表 8.22 - 1

m/g	0.00	20.00	40.00	60.00	80.00	100.00	120.00
$\Delta Z/mm$							
U/V							

③ 对表 8.22 - 1 进行直线拟合，做出 $U - \Delta Z$ 的定标图。

（4）杨氏模量的测定及计算。

① 用米尺测定 d，用游标卡尺测量 b，用千分尺测量 a。

② 完成表 8.22 - 2 所示的数据表，即样品（横梁）在重物作用下位置变化的测量。

表 8.22 - 2

m/g	0.00	20.00	40.00	60.00	80.00	100.00	120.00
$\Delta Z/mm$							

③ 用逐差法计算 ΔZ。

④ 计算样品(横梁)的杨氏模量 E。

⑤ 对照样品材料特性的标准数据,计算误差。

⑥ 找出误差的来源,并估算各影响量的不确定度。

(5)实验内容(4)中,当增加砝码或减少砝码时,测得同样重物下的位移 ΔZ 是否一样?请说明原因。

(6)改变参数 a 和 b,再按上述实验内容测量同一样品的杨氏模量 E,并进行比较,对上面的实验数据进行分析。以此类推,对其他样品(材料)如铸铁、钢等也可做类似实验测量杨氏模量。但必须明确只有在材料的弹性范围内此实验才有意义。

六、实验报告的要求

(1)阐明本实验的目的和意义。

(2)阐明实验的基本原理、设计思路和实验过程。

(3)记录所用的一切仪器、材料的规格和型号、数量等。

(4)记录实验的全过程,包括实验的步骤、实验图示、各种实验现象和数据等。

(5)分析实验结果,讨论实验中出现的各种问题。

(6)得出实验结论,并提出改进意见。

附　录

附录1　物理常数表

表1　基本物理常数[*]

量	符号、公式	数　值	不确定度/$(0.000\ 000\ 1)$
光速	c	$299\ 792\ 458\ \text{m} \cdot \text{s}^{-1}$	—
普朗克常量	h	$6.626\ 075\ 5(40) \times 10^{-34}\ \text{J} \cdot \text{s}$	0.60
约化普朗克常量	$\hbar = h/2\pi$	$1.054\ 572\ 66(6\ 3) \times 0^{-34}\ \text{J} \cdot \text{s}$ $= 6.582\ 122\ 0(20) \times 10^{-22}\ \text{MeV} \cdot \text{s}$	0.60 0.30
电子电荷	e	$1.602\ 177\ 33(4\ 9) \times 10^{-19}\ \text{C}$	0.30
电子质量	m_e	$0.510\ 999\ 06(1\ 5) \text{MeV}/\text{c}^2$ $9.109\ 389\ 7(54) \times 10^{-31}\ \text{kg}$	0.30 0.59
质子质量	m_p	$938.272\ 31(2\ 8) \text{MeV}/\text{c}^2$ $= 1.672\ 623\ 1(10) \times 10^{-27}\ \text{kg}$ $= 1\ 836.152\ 701(37) m_e$	0.30 0.59 0.020
氘质量	m_d	$1875.613\ 39(5\ 7) \text{MeV}/\text{c}^2$	0.30
真空电容率	ε_0	$8.854\ 187\ 817 \cdots \times 10^{-12}\ \text{F} \cdot \text{m}^{-1}$	—
真空磁导率	μ_0	$4\pi \times 10^{-7} \text{N} \cdot \text{A}^{-2} = 12.566\ 370$ $614 \cdots \times 10^{-7} \text{N} \cdot \text{A}^{-2}$	—
精细结构常量	$\alpha = e^2 / 4\pi\varepsilon_0 \hbar c$	$1/137.035\ 989\ 5(61)$	0.045
里德伯能量	$hcR_\infty = m_e c^2 \alpha^2 / 2$	$13.605\ 698\ 1(40) \text{eV}$	0.30
引力常量	G	$6.672\ 59(85) \times 10^{-11}\ \text{N} \cdot \text{m}^2 \cdot \text{kg}^{-2}$	128
重力加速度(纬度45°海平面)	g	$9.806\ 65\ \text{m} \cdot \text{s}^{-2}$	—
阿伏伽德罗常量	N_A	$6.022\ 136\ 7(36) \times 10^{23}\ \text{mol}^{-1}$	0.59
玻耳兹曼常量	k	$1.380\ 658(12) \times 10^{-23}\ \text{J} \cdot \text{K}^{-1}$ $= 8.617\ 385(73) \times 10^{-5}\ \text{eV} \cdot \text{K}^{-1}$	8.5 8.4
斯忒潘-玻耳兹曼常量	$\sigma = \pi^2 k^4 / 60\hbar^3 c^2$	$5.670\ 51(1\ 9) \times 10^{-8}\ \text{W} \cdot \text{m}^{-2} \cdot \text{K}^{-4}$	34
玻尔磁子	$\mu_B = e\hbar / 2m_e$	$5.788\ 382\ 63(5\ 2) \times 10^{-11}\ \text{MeV} \cdot \text{T}^{-1}$	0.089
核磁子	$\mu_N = e\hbar / 2m_p$	$3.152\ 451\ 66(2\ 8) \times 10^{-14}\ \text{MeV} \cdot \text{T}^{-1}$	0.089
玻尔半径(无穷大质量)	$a_\infty = 4\pi\varepsilon_0 \hbar^2 / m_e e^2$	$0.529\ 177\ 249(24) \times 10^{-10}\ \text{m}$	0.045

[*] 数据取自 The European Physical Journal C，1998(3)：69

表2　固体和液体的密度（20℃）

物　　质	密度/(kg·m⁻³)	物　　质	密度/(kg·m⁻³)
铝	2698.9	汞	13546.2
铜	8960	石英	2600～2800
铁	7874	冰(0℃)	880～920
银	10500	乙醇	789.4
金	19320	乙醚	714
铅	11350	甘油	1280
锡	7298	水	998.2

表3　标准大气压下不同温度时的水的密度*

温度 t/℃	密度/(kg·m⁻³)	温度 t/℃	密度/(kg·m⁻³)	温度 t/℃	密度/(kg·m⁻³)
0	999.841	17	998.774	34	994.371
1	999.900	18	998.595	35	994.031
2	999.941	19	998.405	36	993.68
3	999.965	20	998.203	37	993.33
4	999.973	21	997.992	38	992.96
5	999.965	22	997.770	39	992.59
6	999.941	23	997.538	40	992.21
7	999.902	24	997.296	41	991.83
8	999.849	25	997.044	42	991.44
9	999.781	26	996.783	50	988.04
10	999.700	27	996.512	60	983.21
11	999.605	28	996.232	70	977.78
12	999.498	29	995.944	80	971.80
13	999.377	30	955.646	90	945.31
14	999.244	31	995.340	100	958.35
15	999.099	32	995.025	3.98	1000.00
16	998.943	33	994.702		

*　纯水在3.98℃时的密度最大。

表4 海平面上不同纬度的重力加速度

纬度 φ	$g/(m \cdot s^{-2})$	纬度 φ	$g/(m \cdot s^{-2})$
0°	9.78049	55°	9.81079
5°	9.78088	55°	9.81515
10°	9.78204	60°	9.81924
15°	9.78394	65°	9.82294
20°	9.78652	70°	9.82614
25°	9.78969	75°	9.82873
30°	9.78338	80°	9.83065
35°	9.79746	85°	9.83182
40°	9.80182	90°	9.83221
45°	9.80629		

注：表中所列数值是根据公式 $g=9.78049(1+0.005288\sin^2\varphi-0.000006\sin^2 2\varphi)$ 算出的，其中 φ 为纬度。

表5 一些材料的杨氏模量

材料名称	$E/(N \cdot m^{-2})$
低碳钢、16Mn钢	$(2.0\sim2.2)\times10^{11}$
普通低合金钢	$(2.0\sim2.2)\times10^{11}$
合金钢	$(1.9\sim2.2)\times10^{11}$
灰铸铁	$(0.6\sim1.7)\times10^{11}$
球墨铸铁	$(1.5\sim1.8)\times10^{11}$
可锻铸铁	$(1.5\sim1.8)\times10^{11}$
铸钢	1.72×10^{11}
硬铝合金	0.71×10^{11}

表6 声速表

物　质	声速/$(m \cdot s^{-1})$	物　质	声速/$(m \cdot s^{-1})$
铝	500	空气	331.45
铜	3750	二氧化碳	258.0
电解铁	5120	氯	205.3
水	1482.9	氢	1269.5
汞	1451.0	水蒸气(100℃)	404.8
甘油	1923	氧	317.2
乙醇	1168	氨	415
四氯化碳	935	甲烷	432

表7　液体的黏滞系数 η 与温度的关系

液体	温度/℃	$\eta/10^{-3}$ Pa·s	液体	温度/℃	$\eta/10^{-3}$ Pa·s
酒精	0	1.773	甘油	6	6.26×10^3
	10	1.466		15	2.33×10^3
	20	1.200		20	1.49×10^3
	30	1.003		25	954
	40	0.834		30	629
	50	0.702	蓖麻油	10	2420
	60	0.592		20	986
甘油	−4.2	1.49×10^4		30	451
	0	1.21×10^4		40	231

表8　水和酒精与空气接触面的表面张力系数

水		酒　精	
温度/℃	表面张力系数/(mN·m^{-1})	温度/℃	表面张力系数/(mN·m^{-1})
0	75.62	0	24.1
10	74.20	20	22.0
20	72.75	60	18.4
30	71.15		
40	69.55		

表9　物质的比热

物　　质	比热/kcal/(kg·℃)	物　　质	比热/kcal/(kg·℃)
铝	0.216	镍	0.1049
银	0.0565	铅	0.0305
金	0.0306	锌	0.0929
铜	0.09197	水	0.9970
铁	0.107	乙醇	0.5779

表10　物质的折射率($\lambda_D=589.3$ nm)

物　　质	折射率	物　　质	折射率
空气	1.0002926	苯(20℃)	1.5011
氢气	1.000132	乙醚(20℃)	1.3510
氮气	1.000296	丙酮(20℃)	1.3591
氧气	1.000271	甘油(20℃)	1.474
二氧化碳	1.000488	冕牌玻璃 k_8	1.51590
水(20℃)	1.3330	火石玻璃 F_8	1.60551
乙醇(20℃)	1.3614	氯化钠	1.54427

表 11 汞灯光谱线波长

	颜色	波长/nm	相对强度	颜色	波长/nm	相对强度
低压汞灯	紫	404.66	弱	绿	546.07	很强
	紫	407.08	弱	黄	576.96	强
	蓝	435.83	很强	黄	579.07	强
	青	491.61	弱			
高压汞灯	紫外部分	237.83	弱	紫外部分	292.54	弱
		239.95	弱		296.73	强
		248.20	弱		302.25	强
		253.65	很强		312.57	强
		265.30	强		313.16	强
		269.90	弱		334.15	强
		275.28	强		365.01	很强
		275.97	弱		366.29	强
		280.40	弱		370.42	弱
		289.36	弱		390.44	弱
高压汞灯	紫	404.66	强	黄绿	567.59	弱
	紫	407.78	强	黄	576.96	强
	紫	410.81	弱	黄	579.07	强
	蓝	433.92	弱	黄	585.93	弱
	蓝	434.75	弱	黄	588.89	弱
	蓝	435.83	很强	橙	607.27	弱
	青	491.61	弱	橙	612.34	弱
	青	496.03	弱	橙	623.45	强
	绿	535.41	弱	红	671.64	弱
	绿	536.51	弱	红	690.75	弱
	绿	546.07	很强	红	708.19	弱
高压汞灯	红外部分	773	弱	红外部分	1530	强
		925	弱		1692	强
		1014	强		1707	强
		1129	强		1813	弱
		1357	强		1970	弱
		1367	强		2250	弱
		1396	弱		2325	弱

附录 2　中华人民共和国法定计量单位(摘录)

我国的法定计量单位(以下简称法定单位)包括:

(1) 国际单位制的基本单位(见表 1);

(2) 国际单位制的辅助单位(见表 2);

(3) 国际单位制中具有专门名称的导出单位(见表 3);

(4) 国家选定的非国际单位制单位(见表 4);

(5) 由以上单位构成的组合形式的单位;

(6) 由词头和以上单位所构成的十进倍数和分数单位(词头见表 5)。

法定单位的定义、使用方法等,由国家计量局另行规定。

表 1　国际单位制的基本单位

量的名称	单位名称	单位符号
长度	米	m
质量	千克(公斤)	kg
时间	秒	s
电流	安[培]	A
热力学温度	开[尔文]	K
物质的量	摩[尔]	mol
发光强度	坎[德拉]	cd

表 2　国际单位制的辅助单位

量的名称	单位名称	单位符号
平面角	弧度	rad
立体角	球面度	sr

表 3　国际单位制中具有专门名称的导出单位

量的名称	单位名称	单位符号	其他表示示例
频率	赫[兹]	Hz	
力;重力	牛[顿]	N	
压力,压强;应力	帕[斯卡]	Pa	N/m^2
能量;功;热	焦[耳]	J	N·m
功率;辐[射]通量	瓦[特]	W	J/s
电荷量	库[仑]	C	
电位;电压;电动势	伏[特]	V	W/A

续表

量的名称	单位名称	单位符号	其他表示示例
电容	法[拉]	F	C/V
电阻	欧[姆]	Ω	V/A
电导	西[门子]	S	A/V
磁通量	韦[伯]	Wb	V·s
磁通[量]密度,磁感应强度	特[斯拉]	T	Wb/m²
电感	亨[利]	H	Wb/A
摄氏温度	摄氏度	℃	
光通量	流[明]	lm	
[光]照度	勒[克斯]	lx	lm/m²
[放射性]活度	贝可[勒尔]	Bq	
吸收剂量	戈[瑞]	Gy	J/kg
剂量当量	希[沃特]	Sv	J/kg

表 4 国家选定的非国际单位制单位

量的名称	单位名称	单位符号	换算关系和说明
时间	分	min	1 min＝60 s
	[小]时	h	1 h＝60 min＝3600 s
	天(日)	d	1 d＝24 h＝86400 s
平面角	[角]秒	″	$1''=(\pi/648000)$rad(π 为圆周率)
	[角]分	′	$1'=60''=(\pi/10800)$rad
	度	°	$1°=60'=(\pi/180)$rad
旋转速度	转每分	r/min	$1\ r/min=(1/60)s^{-1}$
长度	海里	n mile	1n mile＝1852 m(只用于航程)
速度	节	kn	1 kn＝1n mile/h ＝(1852/3600)m/s (只用于航行)
质量	吨	t	$1\ t=10^3$ kg
	原子质量单位	u	$1\ u\approx1.6605655\times10^{-27}$ kg
体积	升	L, (l)	$1\ L=1\ dm^3=10^{-3}\ m^3$
能	电子伏	eV	$1\ eV\approx1.6021892\times10^{-19}$ J
级差	分贝	dB	
线密度	特[克斯]	tex	$1\ tex=10^{-6}$ kg/m

表5　用于构成10进倍数和分数单位的词头

所表示的因数	词头名称	词头符号
10^{18}	艾[可萨]	E
10^{15}	拍[它]	P
10^{12}	太[拉]	T
10^{9}	吉[咖]	G
10^{6}	兆	M
10^{3}	千	k
10^{2}	百	h
10^{1}	十	da
10^{-1}	分	d
10^{-2}	厘	c
10^{-3}	毫	m
10^{-6}	微	μ
10^{-9}	纳[诺]	n
10^{-12}	皮[可]	p
10^{-15}	飞[母托]	f
10^{-18}	阿[托]	a

1. 周、月、年(年的符号为 a)为一般常用时间单位。

2. [ ]内的字，在不混淆的情况下，是可以省略的字。

3. ( )内的字为位丁其前的符号同义语。

4. 角度单位度、分、秒的符号不处于数字后时，须用括弧。

5. 升的符号中，小写字母 l 为备用符号。

6. r 为"转"的符号。

7. 人民生活和贸易中，质量习惯称为重量。

8. 公里为千米的俗称，符号为 km。

9. 10^{4} 称为万，10^{8} 称为亿，10^{12} 称为万亿，这类数词的使用不受词头名称的影响，但不应与词头混淆。

参 考 文 献

[1] 郭长立. 大学物理实验. 西安：陕西科学技术出版社，2006

[2] 黄国良，王树林. 物理实验. 西安：陕西科学技术出版社，1997

[3] 廖少俊. 大学物理实验. 西安：陕西科学技术出版社，2000

[4] 王瑞平，等. 大学物理实验. 西安：陕西科学技术出版社，2003

[5] 国家质量技术监督局. JJF10509—1999. 测量不确定度评定与表示. 北京：中国计量
     出版社，1999

[6] 吴泳华，等. 大学物理实验. 北京：高等教育出版社，2001

[7] 国家质量技术监督局计量司. 通用计量术语及定义解释. 北京：中国计量出版社，
     2001

[8] 张兆奎，等. 大学物理实验. 北京：高等教育出版社，2004

[9] 朱鹤年. 物理实验研究. 北京：清华大学出版社，1994

[10] 朱鹤年. 基础物理实验教程. 北京：高等教育出版社，2003

[11] 原所佳. 大学物理实验. 北京：国防工业出版社，2005

[12] 李平. 物理实验. 北京：高等教育出版社，2004

[13] 王红理，等. 大学物理实验. 西安：陕西科学技术出版社，2003

[14] 李恩普，等. 大学物理实验. 北京：国防工业出版社，2004

[15] 丁慎训，等. 物理实验教程. 2版. 北京：清华大学出版社，2003

[16] 李明，等. 大学物理实验. 西安：西北工业大学出版社，2005

[17] 陈守川，等. 大学物理实验教程. 杭州：浙江大学出版社，2000

[18] 唐远林，等. 大学物理实验教程（上册）. 重庆：重庆大学出版社，2004

[19] 唐远林，等. 大学物理实验教程（下册）. 重庆：重庆大学出版社，2004

[20] 贾贵儒，等. 大学物理实验教程. 北京：机械工业出版社，2005

[21] 倪育才. 实用测量不确定度评定. 北京：中国计量出版社，2004

[22] 辽宁省质量计量检测研究院. 计量技术基础知识. 北京：中国计量出版社，2001

[23] 张旭峰，等. 大学物理实验. 北京：机械工业出版社，2003

[24] 张天，等. 近代物理实验. 北京：科学出版社，2004

[25] 张进台，等. 大学物理实验. 北京：电子工业出版社，2003

[26] 李耀清，等. 实验的数据处理. 合肥：中国科学技术大学出版社，2003

[27] 李慎安. 测量不确定的简化评定. 北京：中国计量出版社，2004

[28] 李慎安. 不确定度表达百问. 北京：中国计量出版社，2001

[29] 钱绍圣. 测量不确定度实验数据的处理与表示. 北京：清华大学出版社，2002

[30] 林景星，等. 计量基础知识. 北京：中国计量出版社，2001